冥王星沉浮记

The Pluto Files: The Rise and Fall of America's Favorite Planet

[美]尼尔·德格拉斯·泰森
（NEIL DEGRASSE TYSON） 著
郑永春　刘晗　译

外语教学与研究出版社
FOREIGN LANGUAGE TEACHING AND RESEARCH PRESS
北京 BEIJING

推荐

乔恩·斯图尔特
美国电视节目《每日秀》

“这本书值得一读。有关冥王星的书中还没有哪本如此动人心弦。”

弗雷德·伯茨
《西雅图时报》

“书中收录的冥王星主题歌和图片让人忍俊不禁，那些小学生的来信则让人会心一笑。”

肖恩·卡罗尔
加州理工学院

“毫无疑问，泰森向公众传播的不仅仅是科学知识，还有科学家在探索过程中的热忱与激情。”

推荐序 1

卞毓麟

如果把冥王星比作一个人，那么他荣耀登场、备受争议、被逐下台、又回到聚光灯下的际遇堪称起伏跌宕。泰森的《冥王星沉浮记》是一部迄今无出其右的冥王星传记：从冥王星1930年被发现而成为太阳系第九大行星，到2006年降级为矮行星……一切都是如此翔实、生动、富有戏剧性。如今，随着“新视野号”首次飞越冥王星，本书将更令你对这个小星球刮目相看。

推荐序 2

陈炯林

尼尔 · 德格拉斯 · 泰森如此精细、多面、生动地写下这样一个“文化、商业与科学的碰撞”的历史记录，实属难得。对于中文读者来说，此类书籍更是凤毛麟角。由于原著内容涉及西方文化及人文社科多个层面，即使译者已是天文、科普界的翘楚，可见亦需下了极大的工夫，才成就出如此高质量的作品。

作为国际天文学联合会的成员，本人也曾参加了2006年在布拉格召开的全体会员大会，见证了冥王星官方定位的改变。当时我未进入行星科学的研究领域，对“清空所在轨道上的其他天体”这一条要求不甚了解，也不明白双方辩论为何如此激烈。当时我的决定主要基于不想常识中与天文课本中的太阳系行星数目被不断修改。直至“新视野号”飞越冥王星，发回使人“眼界大开”的观察结果，我才充分明白了把冥王星另外归类的意义。

我热烈推荐读者在阅读本书的同时阅读译者之一郑永春所著《飞越冥王星》一书。目前“新视野号”还在不断前进，发回了遥远的柯伊伯带天体2014 MU69的图像，这标志着最新一轮引人入胜的发现即将呈现。我期盼此类探索柯伊伯带的书很快会有续集！

推荐序 3

朱进

作为行星天文学相关领域的研究人员，我在2000年之前就通过国际天文学联合会小天体命名委员会的内部讨论，关注到冥王星的大行星地位问题，并有幸全程参与了2006年在布拉格召开的国际天文学联合会大会上发生的冥王星降级事件，并且在之后的很长一段时间里在诸多场合进行过相关内容的科普。不过我对与冥王星发现相关的历史情况并不了解。纽约海登天文馆馆长尼尔·泰森的这部作品，资料翔实、考据充分地介绍了人类认识冥王星的历史，特别是海登天文馆早在2000年就开始在天文展览中把冥王星从大行星的行列排除，这无疑是泰森馆长作为具有强烈科学意识的科学家的壮举。相信读者们从这部作品中可以了解到完整的冥王星传奇。

译者序

郑永春、刘晗
2018年9月10日于北京北沙滩

对公众而言，发现太阳系中的新行星，意味着太阳系的边界又向外扩充了一圈，具有开疆拓土的意义，因而冥王星的发现曾经备受关注。[1]

1781年，英国天文学家赫歇尔发现了天王星。

1846年，法国的勒威耶和英国的亚当斯分别通过计算发现了海王星。

自海王星发现后，很多人都在期待第九大行星的出现，但此事数十年都没有突破。这时，美国富豪洛厄尔出现了。这位老兄没有受过系统的科学训练，却是狂热的天文爱好者，按照国内现在的说法，是“民间科学家（简称民科）”。但这位“民科”既有情怀又有钱，不仅出资建设了一座天文台，购买了当时最好的望远镜，还招聘天文学家来帮他做

1. 实际上，太阳系的边界并非以最外层的行星而定，一般由太阳的引力影响范围决定。因此，太阳系的半径达10万~15万天文单位（1天文单位约等于日地平均距离），而海王星到太阳的平均距离约为30天文单位，海王星之外才是更广阔的太阳系疆域。—— 译者注

研究。洛厄尔有两个目标，一是证实火星上有运河，二是找到第九大行星。前一个目标不可能实现，因为火星上根本就没有运河。至于后一个目标，洛厄尔自己没有实现，但他去世后，他招聘的天文观测助理汤博帮他实现了这个遗愿。

1930年2月18日，第九大行星被首次发现。这离上一颗行星海王星的发现，已经过去了84年。人们对这颗行星期待已久，很快天文学界就将它纳为行星家族的新成员，并向全世界征集名称。最终，英国11岁的小女孩维尼夏早餐闲谈时想到的名称得到了采纳。新行星以地府之神冥王普鲁托的名字命名，在中国它被称为“冥王星”。20世纪30年代，随着迪士尼经典动画形象（小狗布鲁托[2]、小狗高飞、唐老鸭、老鼠米奇等）的推广，布鲁托的可爱形象开始在世界各地广泛流传。巧合的是，这只小狗的英文名Pluto和冥王星的英文名一样，虽然冥王星的名字并非来源于这只小狗，可总是有许多不明就里的人问维尼夏，为什么要用一只狗的名字来给冥王星命名。这委实是冤枉她了。

冥王星是美国天文学家发现的，是世界科学中心从欧洲转移到美国的重要标志。冥王星荣登行星宝座之后，各种记忆九大行星的口诀在坊间流传。美国人更是为之感到自豪，亲切地称它为“美国行星”。

2.与冥王普鲁托的中文译法不同，在迪士尼动画片中宠物狗Pluto的中文名被定为布鲁托。——编者注

由于地球也是一颗行星，所以，行星的名分不能随随便便就给，要不然就会让人觉得，地球也没什么特殊的。但是，究竟什么样的天体是行星，200多年来一直没有明确的定义。2000年，在美国重建的海登天文馆，抛弃了九大行星的传统布展方式，以全新的方式，将天体按照自身性质的相似程度进行展示。冥王星既不是类似地球的行星，也不是类似木星的行星，因而无法与其他八大行星放在一起展示。人们发现从小就学到的科学常识被推翻了，一时无法接受。此举经媒体放大，在公众中引起激烈争论。海登天文馆馆长尼尔·德格拉斯·泰森由此成为众矢之的，因为在展览中罢黜冥王星的举动，而受到社会各界的批评和质疑。

2006年，在捷克首都布拉格召开的国际天文学联合会大会经过投票，修订了行星的定义：第一，它得是一个围绕太阳运转的天体；第二，它要有足够大的质量来克服固体应力，以呈现为流体静力平衡的形状（球体或近似球体）；[3]第三，它清空了所在轨道上的其他天体。根据新的定义，冥王星被从行星行列除名，重新归类为矮行星。至此，冥王星地位之争终于落下帷幕。

冥王星的“悲惨遭遇”，与它“生活”的区域有关。冥王星位于柯伊伯带的内边缘。柯伊伯带是荷兰裔美国天文

3.从惯性参照系看，行星在自转过程中，由自身产生的引力与固体应力的合力，提供其表面及内部物质向心力；从非惯性参照系看，固体应力用来抵消引力和离心力对行星本身的挤压或撕扯，从而使行星维持球状。——译者注

学家杰勒德·柯伊伯等预测的、位于海王星轨道外的一片广阔区域。上世纪90年代初，美国夏威夷大学的天文学家朱伊特和刘丽杏经过努力探索，证实了柯伊伯带的存在。他们在海王星外的轨道上发现了许多同冥王星大小相似的天体。在这片区域中，分布着成千上万个直径超过100千米的天体，比如夸奥尔、亡神星、赛德娜等。这里是一片太阳系的新大陆。

2005年，人们在柯伊伯带发现了新的天体——阋神星。当时人们认为，它的直径比冥王星还大。问题随之而来：怎么给阋神星定位？让它成为第十大行星吗？这一棘手问题，对冥王星的行星地位提出挑战：如果冥王星属于行星，那么，这些新发现的柯伊伯带天体，是不是也应该归入行星？如此一来，太阳系中的行星数量就会越来越多，而地球人普遍不希望太阳系有太多的行星。所以，将冥王星从九大行星中除名，似乎是最好的解决办法。

行星在自己的轨道上绕太阳运转，而在冥王星运行的轨道上，还有大量柯伊伯带的小天体，因此冥王星并不能清空自己的轨道。这些新发现的天体让科学家意识到，冥王星与其他八个行星兄弟似乎有所不同。八大行星原本排排坐，当第九个小弟加入后坐到第76个年头时，人们发现它身边还藏着很多小不点儿。这让天文学家感到很为难，而这也是冥王星被降级的根本原因。

然而，国际天文学联合会的决议并不能平息争议。虽然冥王星被除名已经10多年了，但依然有科学家在为它寻找重返行星序列的理由。就在本书中文版出版前的2018年9月，中佛罗里达大学的行星科学家菲利普·梅茨格领导的研究团队在行星科学专业期刊《国际太阳系研究杂志》上发表论文，称他们查找了从1802年开始200年间的科学文献，发现只有一篇文献使用过“清空轨道”的标准来对行星进行分类，而且是基于已被证伪的推测。该研究团队发现，许多行星科学家使用“行星”这个词的时候，都违反了“行星”的新定义，但这些行星科学家仍然坚持这样用，相关的文献可以列出100多篇。因此，梅茨格领导的研究团队认为，国际天文学联合会对行星的定义并无可靠依据。

2015年，“新视野号”首次飞越冥王星。此次探测发现，冥王星及其卫星有复杂的表面形貌和大气，内部地质活动甚至比火星更活跃；冥王星是除地球之外，太阳系中最复杂、最有趣的天体。我们相信，随着人类在外太阳系[4]的天文观测和深空探测中取得越来越多新的发现，冥王星的行星地位之争还将持续很长的时间。

在关于冥王星的行星地位旷日持久的科学之争中，泰森一直是舆论争议的焦点。为此，他写了这本书，详细记录了冥王星从首次发现到命名，再到在国际天文学联合会大会投票表决后被降级的全过程。作为世界科普大师卡尔·萨根的

4.太阳系可被分为两大区域：太阳系中，小行星带以内的区域为内太阳系，小行星带以外的区域为外太阳系。—— 编者注

学生，泰森用诙谐幽默的语言讲述了这段跌宕起伏的往事，从科学家的视角分析了冥王星被降级的真正原因。

读罢全书，我们仿佛重新认识了这位名叫冥王星的老朋友，走近它作为行星的“前世”和作为矮行星的“今生”，走近身处争议漩涡中的媒体、专家和公众。2015年，本书译者之一郑永春创作了第一本科普书《飞越冥王星》。这本书主要聚焦在“新视野号”探测冥王星的最新成就。创作中唯一的缺憾，是这本书对冥王星的历史论述不多。为此，我们两位译者决定翻译《冥王星沉浮记》，并将它推荐给中国读者，与大家一起感受冥王星命运的跌宕起伏，体会文化、商业与科学的碰撞。

本书用词精炼，语言诙谐。书中附有许多插图，与本书的语言风格相得益彰。全书内容庞杂，涉及行星科学、航天科学技术、建筑学、社会学、心理学、传播学等学科。而我们经过多年的教育，已经被训练成了某一领域的“专家”，知识面反而越来越窄，因此需要在文化背景、历史事件、专业术语方面多多补课，严格查证后，方能落笔翻译。

翻译是一件劳心劳力的事情，既要克服语言上的障碍，还要翻越历史文化和专业背景的高山。如果刻板直译，容易导致文字晦涩难懂。如果理解后再创作，又容易因不尊重原著被人诟病。我们两位译者均有天文学的学科背景，因此对书中的科学知识理解起来没什么困难。为了让读者轻松阅读，我们尽最大努力还原了原著的用词和语气。由于中西文化的差异，对不常见的专有名词和专业术语，我们增加了许多“译者注”，以方便大家理解，避免阅读时的障碍和卡顿。

翻译背后的艰辛，往往无法言说，只有借助短短的序言，才能倾诉一番。为了避免读者误解，我们在翻译时，常常把自己放在读者的位置上。对于读者可能产生误解的词语，以及西方特定历史文化背景下的事物，我们进行了大量查证，例如，上世纪30年代风靡美国的轻泻剂“冥王水”、行星的命名原则、希腊和罗马神话中诸神的象征意义等。在翻译迪士尼动画形象布鲁托的故事时，我们特意补看了这部发行于1937年的动画“老片”。因为只有看到小狗活泼可爱的形象，才能真正理解作者所描绘的灵动场面。当读到汤博在下午4点左右发现冥王星的故事时，我们根据已有的天文知识反思为什么是在这个时间发现新天体。当时太阳还未落山，天空很亮，显然无法通过望远镜观测到行星。经过一再查证后得知，汤博当时采用的是比对照片的方法，所以是晚上观测后，在白天比对时发现了冥王星。

《冥王星沉浮记》不只描述了一段趣味横生的往事，也不只记录了一段科学发现的历史，它尤其希望传播这样的科学精神：敢于批判、质疑、挑战成规，坚持努力探索。浩瀚的宇宙潜藏着太多人类未知的秘密，天文学因此成为一门不断更新的古老学科。这一刻下的天文定义，很可能在下一秒由于新的发现而被推翻。但我们既不能因为不愿更改已熟悉的旧知识而拒绝新的发现，又不能因为担心新知识再次被否认而不愿继续探索。科学的本质是对未知世界的探索，只有挑战权威，怀疑前人，进行反复检验，才能推动科学的进步。

只要是错误的，就必须得到修正，冥王星的降级之路便是如此。1930年冥王星被发现，80多年前关于第九大行星的预测由此得到证实。在舆论的鼓吹和商业文化的宣传下，我们高高兴兴地接受了这颗新行星。“冥王星是行星”的结论被写进了教科书，影响了一代又一代人，似乎巍然不可动摇。然而，随着天文学家在冥王星所在的柯伊伯带发现了许多新的天体，越来越多的证据显示，冥王星远比我们原来认为的要小。“冥王星不是行星”，这句话就像《皇帝的新装》里那句“他没有穿衣服”一样，终于从低声嘀咕，变成了大声质疑。而本书的作者泰森，就是故事里第一个喊出那句话的小孩。未来或许会有更多新的发现，成为推翻我们现有知识的证据，但那又有什么关系呢？我们要的是参与和见证科学发展的过程，至于结果，其实并不是最重要的。

2015年7月14日，“新视野号”探测器在人类历史上首次近距离飞越冥王星。这个在又冷又黑的太阳系深空中运行的小不点儿，向地球人展示的第一个清晰的影像中居然有一颗萌萌的“爱心”，像是在以此昭告世人它的宽宏与欣慰。

冥王星虽然被剥夺了行星地位，降级为矮行星，但实际上，冥王星在太阳系中从来没有发生过改变——大小没有发生过改变，运行轨道也没有发生过改变。因此，冥王星究竟是不是行星，只是人类看待它的方式而已，这对冥王星本身并不会产生任何影响。

这个小小的冰质天体，依然在遥远的太阳系深空前行，而在冥王星之外，更多、更遥远的未知世界在等着我们，吸引着我们继续探索，一往无前。

胸怀宇宙天地宽！

最后，我们希望表达我们诚挚的谢意：

译者郑永春诚挚感谢工作单位中国科学院国家天文台在本书翻译过程中提供的工作条件支持，感谢国家自然科学基金委员会提供的科研条件支持（译者获得的科研条件支持的项目编号：41490633），感谢中国科学院青年创新促进会和中国科普作家协会的精神鼓励和支持！感谢家人的理解和关心！

译者刘晗诚挚感谢北京外国语大学中国外语与教育研究中心的培养和支持，感谢北京师范大学外国语言文学学院和天文系的教育和栽培，感谢老师、家人和同学的关心和帮助！

前言

尼尔·德格拉斯·泰森
2008年10月于美国纽约

呈现在您眼前的是一部冥王星档案，它记载了冥王星进入行星家族，又遭到降级的跌宕命运。书中汇集了各大媒体的报道、公众讨论、图片，以及我收到的诸多信件。寄件人里有替冥王星鸣不平的师生，有固执己见的成年人，还有与我共事的同行。

2000年2月，美国自然博物馆开放了地球与空间中心。该中心耗资2.3亿美元，以弗雷德里克·菲尼亚斯·罗斯（Frederick Phineas Rose）和桑德拉·普里斯特·罗斯（Sandra Priest Rose）的名字命名（简称罗斯中心）。罗斯中心位于纽约第八十一街和中央公园西街拐角处，内部包含着重建后的海登天文馆。该馆对太阳系的展示方式在公共机构中前所未有——尽管当时在行星科学界已经出现了不同的论调，认为我们应该调整冥王星在太阳系中的分类，但一直没有任何机构对此进行过调整。

对太阳系基本内容的展示，从展出的模型，到相关文字说明，再到罗斯中心的总体布局，我们都是按照天体性质的相似程度来安排的，而没有选择依次展示行星及其卫星的布展方式。冥王星没有被安排在岩质类地行星（水星、金星、地球和火星）和气态巨行星（木星、土星、天王星和海王星）的模型展区，而是出现在海王星外数目众多的冰质天体行列。事实上，我们正是通过这样的布展方式，完全舍弃了行星这一概念。

负责罗斯中心展品设计与建设的科学委员会一致同意这一布展方式，而我正是该科学委员会的主席。虽然，每个委员会成员在决定展览主题和提出创意上的地位和责任均等，但作为海登天文馆的馆长，我自然成了这一布展方式的代表人物。罗斯中心向公众开放整整一年后，《纽约时报》将此事件作为头版新闻进行了报道，称我们把冥王星从行星家族中“剔除”了。我也因此成为全世界冥王星拥护者们的公敌。

这种境遇一直持续到2006年8月。当时，国际天文学联合会（IAU）在捷克共和国的首都布拉格召开了3年一次的大会。在会上，迫于来自行星科学家专业团体和公众的压力，国际天文学联合会专门组织了对冥王星行星身份的投票。结果，冥王星被正式从“行星”降级为“矮行星”，从而帮我们摆脱了长达6年的负面关注。

罗斯中心作为独立机构重新审视冥王星在太阳系中的地位是一回事，而天文学家组成的国际组织这么做，就是另一回事了。国际天文学联合会投票结果公布后，媒体风暴随之而来，甚至连反恐、伊拉克战争、达尔富尔问题，以及全球变暖的新闻都要暂时搁置，为其让位。

《冥王星沉浮记》通过大量资料，按时间顺序记载了冥王星不平凡的命运，以及媒体、专家和公众随之跌宕起伏的心路历程。

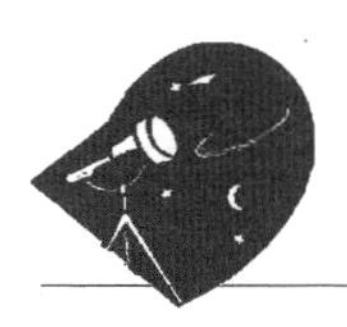

2008年3月26日

亲爱的尼尔·德格拉斯·泰森博士：

你还记得当年给你写信表达不满的孩子们吗？我们怒气冲冲地给你写信，说我们喜欢的是冥王星，不是你。对于我们做错的事情，我想说声对不起。

很抱歉，一切都会好起来的。

泰勒

7岁

来自佛罗里达州坦帕市罗兰·刘易斯小学的科克（Koch）老师二年级班上，学生泰勒·威廉斯（Taylor Williams）的信（2008年春）

一 冥王普鲁托

二 历史中的冥王星

三 揭开冥王星的神秘面纱

四 巅峰坠落

五

— 争议四起 —

六

— 终审判决 —

七

— 矮行星冥王星 —

八

— 小学课堂里的冥王星 —

— 类冥天体 —

冥王星大气层

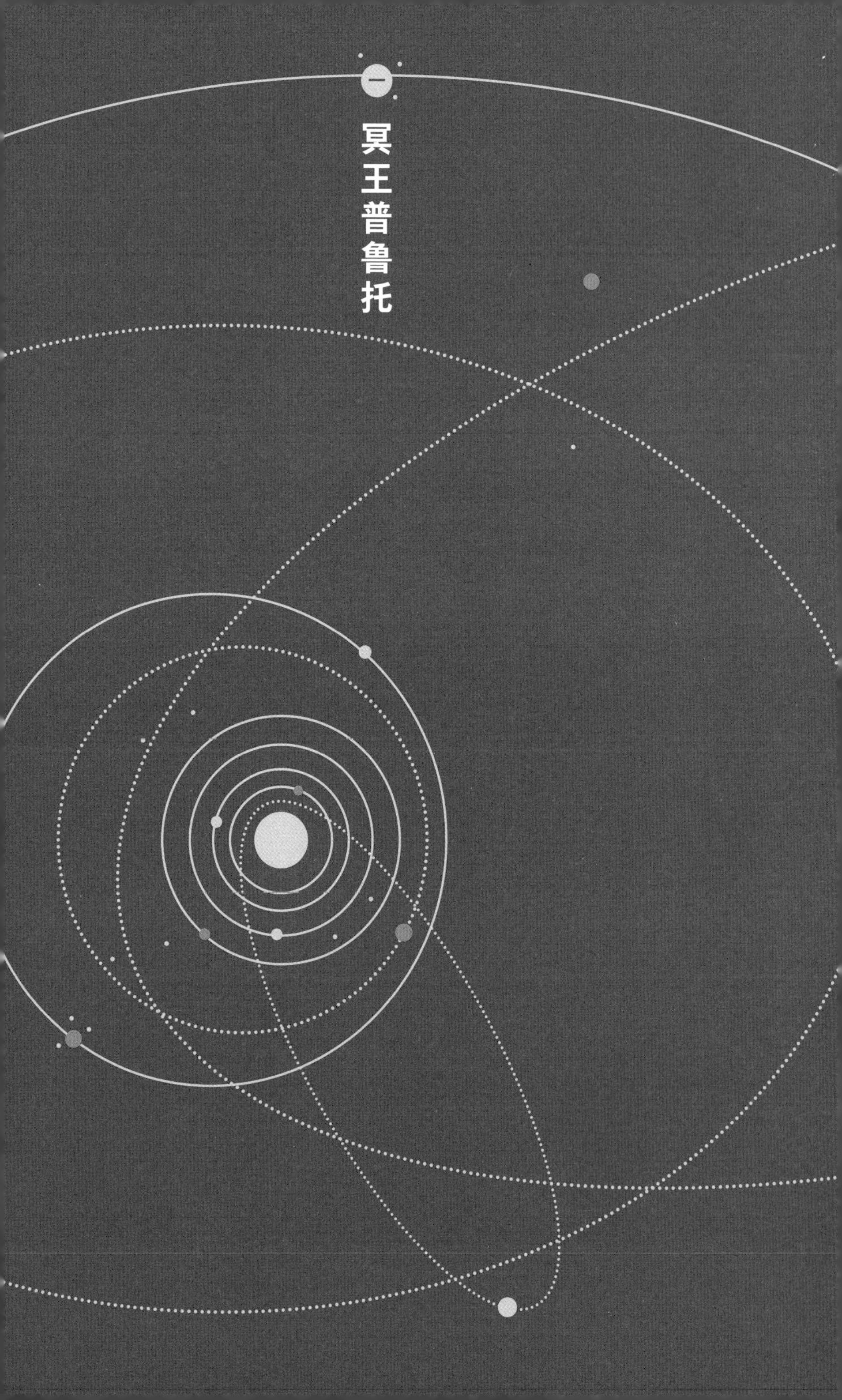

一 冥王普鲁托

1.
X行星搜寻任务

故事发生在1930年。来自美国伊利诺伊州乡下的克莱德·汤博(Clyde W. Tombaugh)时年24岁，是一位天文爱好者。那一年的2月18日下午4点左右[1]，他发现了一个新的天体。不久之后，人们以罗马神话中的地狱主宰——冥王普鲁托(Pluto)的名字为这个天体命名。当时，汤博受聘于亚利桑那州的洛厄尔天文台，主要职责是寻找一颗遥远而神秘的未知行星——X行星。始建于1894年的洛厄尔天文台，由腰缠万贯的美国天文学家珀西瓦尔·洛厄尔(Percival Lowell)创建，并以他的名字命名。洛厄尔于1916年辞世，那时汤博负责的这项观测任务还没有启动。1930年3月13日，洛厄尔天文台把汤博发现X行星的消息公之于众。

冥王星一被发现，两座著名建筑物中的图标也就过时

1.后文将提到，冥王星是克莱德·汤博通过比对照片发现的，并非通过直接观测星空发现，因此发现时间并不是在晚上。——译者注

了。第一座是位于芝加哥南湖滨大道的阿德勒天文馆。它是西半球的第一座天文馆[2]，也是世界上现存最古老的天文馆。天文馆大厅内金碧辉煌，墙上镶嵌着代表太阳系八大行星的图标——建馆时还没有发现冥王星呢。1930年5月12日，也就是冥王星刚被发现2个月后，这座天文馆正式对公众开放。

另一座建筑位于纽约。沿第五大道走到第五十街和第五十一街之间，你就会看到高大雄伟的阿特拉斯（Atlas）[3]铜像矗立在圣帕特里克大教堂正门。该铜像由李·劳瑞（Lee Lawrie）于20世纪20年代设计，建于20世纪30年代，是装饰艺术派风格的洛克菲勒中心建筑群[4]的一部分。诸位可能听过这个希腊神话：阿特拉斯因反抗宙斯（Zeus）[5]失败，被罚到世界最西端，用肩扛起了整片天空，防止天地重合回到混沌状态。与许多艺术作品一样，李·劳瑞用网状的天球仪代表天空，轭状弯梁上雕刻着代表各行星及月球的图案，意在告诉人们阿特拉斯擎起的是整个宇宙。当然，由于在20世纪20年代冥王星还没有被发现，所以冥王星又一次错过了和其他行星聚在一起的机会——阿特拉斯的轭状弯梁上只有从水星到海王星的八大行星，没有留出第九

2.纽约的海登天文馆建于1935年10月，建成时间晚于匹兹堡的布尔天文馆、洛杉矶的格里菲斯天文台和天文馆。

3.阿特拉斯，希腊神话中的力量之神。——译者注

4.洛克菲勒中心建筑群包含19座商业楼，由洛克菲勒家族投资建造。——译者注

5.宙斯，希腊神话中的众神之王，统治宇宙的主神。——译者注

图1.1

位于芝加哥的阿德勒天文馆，在人们发现冥王星2个月后投入使用

大行星的空间。这里没有冥王星的位置。

相似的问题也困扰着音乐创作界。

为了完成一部以宇宙为主题的管弦乐作品，英国作曲家古斯塔夫·霍尔斯特（Gustav Holst，1874~1934）于1916年创作了有7个乐章的名曲《行星组曲》。霍尔斯特的音乐主题取材于与各大行星英文名相关的古代神话人物，讲述了神话人物的生活和他们所处的时代。当然，由于霍尔斯特创作此曲时冥王星还没有被发现，所以组曲中缺少了冥王星乐章；同时，由于地球的名字并非取自古代神话故事，所以《行星组曲》中也没有地球乐章。这样一来，《行星组曲》只剩7个乐章。

克莱德·汤博发现冥王星后不久，霍尔斯特就开始创作冥王星乐章。毋庸置疑，主题就是地狱。可惜冥王星乐章

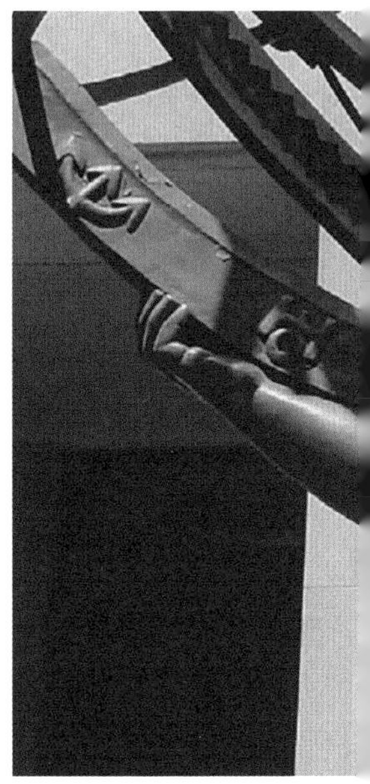

还未写完，霍尔斯特就中风了。他曾动员自己的学生继续创作冥王星乐章，却因为对续写作品不满而放弃了这个念头（无意中预见性地契合了冥王星的命运）。

作曲家科林·马修斯（Colin Matthews）一直潜心研究霍尔斯特的作品。他不愿意看到《行星组曲》就这样半途而废，于是在2000年为英国曼彻斯特的哈雷乐团补写了“缺失”的冥王星乐章。不曾想冥王星在2006年被降级成“矮行星”[6]。尽管马修斯创作的冥王星乐章很有意义，不过由于冥王星已经不再是行星，所以把它作为尚未有人创作的、

6.矮行星，体积介于行星和小行星之间，围绕恒星运转，质量足以克服固体应力使自身形状近于球体，没有清空所在轨道上的其他天体，不是行星的卫星。—— 译者注

图1.2（第6页图）

位于纽约市第五大道上洛克菲勒中心的阿特拉斯铜像高大雄伟、金碧辉煌，极具装饰艺术派风格。阿特拉斯肩上的太阳系不包括冥王星。该雕像由李·劳瑞于20世纪20年代设计，当时还没有发现冥王星

图1.3（第7页图）

阿特拉斯细节图。肌肉健硕的阿特拉斯擎着一座轭状弯梁，上面的浮雕表现的是太阳系的八大行星和月球。从右至左的图案分别代表水星、金星、地球及其卫星月球、火星、木星（隐藏在阿特拉斯的脖子后）、土星、天王星和海王星

赞美外太阳系冰质天体的管弦乐作品的第一乐章可能会更合适。

2.
小女孩提议的名字

克莱德·汤博探索X行星时正值美国20世纪的繁荣时期，经济飞速发展。当时，大多数美国人在提到冥王普鲁托时都会联想到一种叫“冥王水”的产品。这种用于通便的矿水轻泻剂被大肆宣传并被广泛使用。它产自印第安纳州布卢明顿以南50英里（约80.5千米）的富丽堂皇的弗伦奇利克温泉酒店，承诺“仅需0.5~2小时即可消除便秘”。“冥王水”的广告语更是令人印象深刻，宣称“当大自然办不到时，冥王水会拯救你”。因此那个时代的美国人根本不可能将汤博新发现的天体命名为冥王星。事实上这个名字也确实不是美国人取的。

珀西瓦尔·洛厄尔的遗孀康斯坦丝（Constance）建议以珀西瓦尔命名这个新天体，但许多天文学家认为这个名字有点儿怪异。实际上，这一命名方式并非首例，人类在天体命名这件事上还是很大胆的。后文会讲到英国天文学家威廉·赫歇尔（William Herschel，1738~1822）。他确信自己于1781年发现了一颗真正的行星（第一颗通过天文观测发现的行星），随后他宣布以国王乔治三世（George III）的名字来命名这颗行星——换作任何一个贵族阶层的公民都会这样做。在西方，太阳系行星的名字曾经一度是Mercury

图1.4

1932年的冥王水广告。就在这种轻泻剂在美国流行时，一个11岁的英国女孩用冥王普鲁托的名字为新发现的天体命名

（墨丘利，众神之间传递信息的信使在罗马神话中的名字，水星）、Venus（维纳斯，爱与美的女神在罗马神话中的名字，金星）、Earth（地球）、Mars（马尔斯，战神在罗马神话中的名字，火星）、Jupiter（朱庇特，众神之王宙斯在罗马神话中的名字，木星）、Saturn（萨图恩，宙斯的父亲农业之神在罗马神话中的名字，土星），以及Georgium Sidus（乔治之星）。不知道作为读者的您如何看待此事，至少我觉得将一颗行星命名为乔治并不合适，即使乔治是英国的国王。显然其他人也是这么想的。后来，乔治之星被改称Uranus（乌拉诺斯，天王星），即古代神话中掌管天空的神，他也是众神之母大地女神的儿子和配偶。

按照西方传统，从17世纪初伽利略（Galileo）所生活的时代开始，行星就均以罗马神话中众神的名字来命名，行星的卫星则以这些神周边的人物在希腊神话里的名字来命名。例如，木星的英文名Jupiter（朱庇特）是希腊神话里的人物宙斯在罗马神话中的名字，而木星最亮的四颗卫星的英文名，即Io（艾奥，木卫一）、Europa（欧罗巴，木卫二）、Ganymede（伽尼莫得斯，木卫三）和Callisto（卡利斯托，木卫四），都来自希腊神话中宙斯身边的人物的名字。而唯一不遵循此规则的是天王星的几颗卫星。由于英国人对天王星未以他们国王的名字命名十分不满，于是要求天王星的一些卫星以莎士比亚戏剧中的人物命名。其中包括天卫一的英文名Ariel（爱丽儿）、天卫十六的英文名Caliban（凯列班）、天卫五的英文名Miranda（米兰达）（以上三个名字出自戏剧《暴风雨》），天卫四的英文名Oberon（奥布朗）、天卫十五的英文名Puck（帕克）（这两个名字出自戏剧《仲夏夜之梦》），以及天卫八的英文名Bianca（比恩卡）（出自戏剧《驯悍记》）。

首次提议用冥王普鲁托这个名字命名的是一个小学生。那是在1930年3月14日，一个星期五的早上，英国牛津的11岁女孩维尼夏·伯尼（Venetia Burney）正在吃早餐。这时她的外祖父看到报纸上的一则报道称洛厄尔天文台发现了一颗新行星，便读给她听。不同于大西洋对岸的美国人，维尼夏从没使用过，甚至从没听说过美国印第安纳州出产

图1.5

维尼夏·伯尼来自英国牛津。她是最初提议用冥王普鲁托这个名字的人。当时，她的外祖父正在读洛厄尔天文台发现新行星的报道，而11岁的维尼夏恰好在学校里学习了古代神话故事，对冥王普鲁托印象深刻，因此提议用冥王普鲁托的名字命名新发现的行星

的轻泻剂冥王水。她自然不会把冥王普鲁托和粪便联系在一起，对这个名字也没有偏见。当时，维尼夏所在的学校正在上古代神话课，因此她对其他行星的命名方式有所了解，也知道冥王普鲁托是神话中掌管黑暗帝国的死亡之神，且未被用来命名过任何行星。于是，维尼夏不假思索地对外祖父说:“为什么不叫它普鲁托呢？”[7]冥王星距离太阳约60亿千米，那里除了一片黑暗，还会有什么呢？

7.美国国家航空航天局的采访，载美国国家航空航天局网站，2006年1月。

接下来发生的故事完全是历史上的巧合，或者说是受到了幸运女神的眷顾。维尼夏的外祖父福尔克纳·马登（Falconer Madan）在退休前，是牛津大学博德利图书馆的一位图书管理员，与许多天文学家都是好朋友。于是他向牛津大学教授赫伯特·霍尔·特纳（Herbert Hall Turner，秒差距[8]的提出者）建议用普鲁托这个名字。特纳随后给洛厄尔天文台的同行们发了电报，建议用普鲁托来命名。

其他的命名提议还包括阿尔忒弥斯（Artemis，希腊神话中的月亮与狩猎女神）、阿特拉斯、康斯坦丝、洛厄尔、密涅瓦（Minerva，希腊神话中的智慧女神）、宙斯和再马尔（Zymal）。但最终冥王普鲁托胜出。鉴于罗马神话中朱庇特（木星）和尼普顿（Neptune，海王星）是普鲁托（冥王星）的兄弟，普鲁托这个名字也契合了幸福家庭的寓意。

一切似乎理所当然，命名宇宙中的天体是维尼夏与生俱来的能力，她承袭了这样的血脉。她的外叔祖父亨利·马登（Henry Madan）1877年在伊顿公学攻读天文学硕士学位时就为火星的两颗卫星确定了英文名，即火卫一的英文名Phobos（福波斯，代表敬畏）和火卫二的英文名Deimos（戴莫斯，代表恐惧）。这两个名字来自希腊神话中的战神阿瑞斯（Ares）战友的名字。维尼夏·伯尼婚后名为

8. 秒差距，天文学距离单位，1秒差距约为3.26光年，即19万亿英里（约31万亿千米），可用于测量恒星距离。想象地球、太阳和目标恒星构成三角形，以地球公转轨道的平均半径为底边，底边所对的内角大小为1角秒时，地球到这个恒星的距离称为1秒差距。

维尼夏·伯尼·费尔(Venetia Burney Phair)，她最终成为了一位经济学教师，退休后回到故乡——英格兰的埃普瑟姆。

1930年5月1日，洛厄尔天文台正式提议将新发现的行星的英文名定为Pluto(普鲁托)，并向美国天文学会、英国皇家天文学会、《纽约时报》发信征求意见。冥王星的缩写代号是PL，即英文名Pluto的前两个字母。而PL正好也是最先发起寻找X行星的珀西瓦尔·洛厄尔的英文名Percival Lowell的首字母。

11年后，也就是1941年，在格伦·西博格(Glen T. Seaborg)的带领下，一些物理学家正在加利福尼亚大学伯克利分校研究回旋加速器——世界上最卓越的原子加速器之一。他们合成了元素周期表(化学课上常见的元素表格)中的一种新元素，该元素的原子核有94个质子。这时在外太阳系新发现的行星——冥王星在人们心中仍具有很大影响，于是物理学家们把这种新元素的英文名定为plutonium(钚)。这种可裂变的元素也就是美国空军向日本长崎投放的原子弹中的活性成分。就在该原子弹在1945年8月9日投下的几周之前，也就是1945年7月16日，美国在新墨西哥州的特里尼蒂试验场曾对该原子弹进行了试验，这是历史上第一次引爆原子弹。而8月6日投向日本广岛、采用铀作为活性成分的原子弹并未经过试验性爆炸。在投放前，铀在原子弹中的裂变性能只是经过了理论上的论证和实验室

图1.6

赫伯特·霍尔·特纳。牛津大学教授，曾经的英国皇家天文学家。牛津大学博德利图书馆的退休图书管理员福尔克纳·马登告诉他，自己11岁的外孙女希望以冥王普鲁托的名字来命名新发现的行星。随后，特纳给大西洋彼岸洛厄尔天文台的同事发电报转达该提议

中的多次试验检验。

事后看来，物理学家以冥王星的英文名Pluto命名钚似乎是命中注定。在赫歇尔发现天王星8年后，也就是1789年，德国科学家马丁·克拉普罗特（Martin Klaproth）发现了当时自然界中已知最重的原子。那时的人们对新发现的行星天王星仍然印象深刻，于是就以天王星的英文名Uranus（乌拉诺斯）将元素周期表第92位的元素的英文名定为uranium（铀），该元素的原子核中有92个质子。

下一个新发现的元素又该命名成什么呢？1940年，加利福尼亚大学伯克利分校的物理学家埃德温·麦克米伦（Edwin M. McMillan）和菲利普·埃布尔森（Philip H. Abelson）发现了第93号元素，并以海王星的英文名Neptune（尼普顿）将其英文名定为neptunium（镎）。这样一来，新元素的命名沿用外太阳系新行星的名字已是约定俗成，用冥王星的英文名来命名元素钚也是一件顺理成章的事情。

尽管后来人们发现冥王星的体积并不大，但这个代表着死亡之神的天体永远闪耀在元素周期表上。提起冥王星的英文名，大家也自然会联想到人类发明的最具杀伤力的武器——原子弹。

元素周期表上还记录着其他天体的名字，包括人类发现的第1号小行星[9]谷神星的英文名Ceres（刻瑞斯，罗马人对

9.小行星，太阳系内像行星那样环绕太阳运转，但体积和质量比行星小得多的天体。——译者注

希腊神话中的谷物女神的称呼）和第2号小行星智神星的英文名Pallas（帕拉斯，罗马人对希腊神话中的智慧女神的称呼），以这两颗小行星的英文名命名的两种元素分别是铈（cerium）和钯（palladium）。甚至连地球和月球也隐含在元素周期表中，对应元素分别是稀有元素碲（tellurium）和硒（selenium）——拉丁语中Tellus的词意为地球，希腊语中Selene的词意为月球。这两种元素都是从天然矿石中提炼出来的。

3.
与迪士尼的宠物狗重名

回溯到1930年9月5日，在洛杉矶，事业刚刚起步的迪士尼兄弟工作室推出了一部名为《苦役犯》的动画片，该片讲述了两只大猎犬追踪逃犯老鼠米奇（Mickey Mouse）的故事。基于这两只无名犬形象，几经更改后，米奇后来的宠物狗布鲁托（Pluto，英文名与冥王星相同）这个角色最终被创造出来。

1930年10月23日，迪士尼公司发行了动画片《野餐》，并在片中塑造了一个名为罗弗（Rover）的大猎犬形象，即老鼠米妮（Minnie Mouse）的宠物狗。受有犯罪前科的米奇邀请，米妮和宠物狗罗弗出来野餐。说是野餐，他们三个的想法其实各不相同。米妮只是想饱餐一顿，大猎犬罗弗想玩游戏，而米奇久困监狱，如今只是希望放松一下，出来约会。罗弗一直试图破坏主人和米奇的甜蜜约会，这些举动惹恼了米奇。暴风雨中米奇和米妮开车回家，知道自己犯了错的罗弗只好用自己的尾巴当汽车雨刷，希望得到原谅。

1931年5月3日，迪士尼公司发行动画片《捕驯鹿》。在该片中，这只可爱的大猎犬首次以米奇的宠物狗布鲁托的形象出现。在一份发给媒体的新闻稿中，米奇回忆了华特·迪士尼（Walt Disney）为"小狗布鲁托"取名的过程：

> 华特觉得我应该有个宠物，我们思来想去，决定还是养只狗吧。迪士尼公司的作者们为我的小狗取名，有人说叫罗弗斯（Rovers），还有人说叫帕尔斯（Pals），但这些都不太合适。直到有一天华特从我旁边走过时说，叫"小狗布鲁托"怎么样？我同意了，此后"小狗布鲁托"就成为我爱犬的名字。[10]

1937年11月26日，在迪士尼公司发行的20多部动画片中出现之后，布鲁托终于拥有了自己作为主角的动画片——《布鲁托的五胞胎》。片中，布鲁托的妻子名叫菲菲（Fifi），是一只京巴犬。菲菲外出觅食时把五个小宝宝托付

10. 戴夫·史密斯（Dave Smith）：《迪士尼的故事——最新官方百科全书》，纽约，许珀里翁出版社，1998年。

给老公布鲁托照顾。谁知布鲁托竟喝了私酿的威士忌，而且喝得酩酊大醉。淘气的小家伙们趁此机会把家里折腾得乱七八糟。菲菲回到家看到这一切后，火冒三丈地把它们统统赶出了家门。

布鲁托就这样从一个简单的卡通形象起步，逐渐丰满起来。

4.
冥王星的社会影响

尽管迪士尼动画片中的大猎犬布鲁托和冥王星普鲁托之间并无明确联系，但人们总是想当然地认为二者存在关联。[11]我们敢打赌，华特·迪士尼在给米奇的爱犬取名时，联想到的绝对不会是便秘这件事。迪士尼公司在冥王星被命名一年后才推出动画片《捕驯鹿》，也就是说这颗新行星用了整整一年的时间才赢得了美国公众的支持。其实，华特·迪士尼在取名时是否联想到宇宙并不是什么重要的事情，重要的是大家都在努力帮冥王星获得美国公众的关注，这已远远超出了太阳系中的冥王星在天体物理学上的意义。1999年2月9日，《纽约时报》科技专栏作家马尔科姆·布

11. 华特迪士尼公司档案馆首席档案保管员戴夫·史密斯与理查德·沃斯伯勒（Richard Vosburgh）的私人通信。

朗（Malcolm W. Browne）在关于冥王星的文章中，引用了一位不知名的天文学家的话，观点与此相近：

> 如果发现冥王星的是西班牙人或奥地利人，美国天文学家还会如此强烈地反对它被降级为小行星[12]吗？

此后几十年中，随着规模、社会影响和财富的快速积累，华特迪士尼公司成长为一家市值上百亿美元的大公司。同样，冥王普鲁托的名字也逐渐深入人心。事实正是如此，迪士尼公司成功地抓住了普通人对冥王星的特殊感情，这使我不得不用这样一个词来称呼迪士尼商业帝国：

plutocracy *n.* 财阀帝国

（1）靠巨额财富建立并实施统治的国家或社会

（2）依靠财富获得权力的社会精英或管理阶层[13]

作为一位在美国自然博物馆工作的科学家，我经常与那些专门从事动物研究的同事密切交流，这些同事包括两栖爬行类动物学家、古生物学家、昆虫学家和哺乳动物学家等等。所以尽管我并不十分了解自然界，但仍然对与动物相关的话题十分敏感。这让我产生了疑问：为什么布鲁托可以成为米奇的宠物狗，而米奇却不能被视为布鲁托的

12. 冥王星现在的实际地位是矮行星。——译者注

13.《新牛津美语大词典》，第二版，纽约，牛津大学出版社，2005年。

老鼠？

在迪士尼动画片的世界里，哺乳动物的分类并不完全正确。

后来我听说，只要是迪士尼动画片中穿着衣服的角色，无论它属于什么物种，都有权养宠物；而宠物是不能穿衣服的，最多只能戴个项圈。布鲁托就是这样，全身不着一物，只有脖子上戴着写有“布鲁托”的项圈。而米奇则脚蹬黄皮鞋，身穿红色背带裤，手戴一双白手套，有时胸前还戴一个领结。从男士服装等级来看，二者的身份差距显而易见。

5.
难以忘怀的九大行星

有些词语、名字、想法或事物，会渗透进我们的文化中，而有些却会消失在历史长河中。谁也不知道这是为什么，又是如何发生的。我曾在小学做过问卷调查，得知小学生们最喜欢的行星是冥王星，喜欢冥王星的小学生人数，大大超出排在第二位的、喜欢地球和土星的人数。从认知角度来讲，仅仅是一个单词的发音，或一个单词所具有的特殊意义，就会影响它的流行程度，可以使之大受欢迎，也可以使之束之高阁。与其他行星相比，冥王星更适合出现在笑话的结尾:“…… 他以为自己在冥王星上呢!”其他行星英文名所指代的古代神话中的神都有让人羡慕的神力，而冥王普鲁托却是掌管阴曹地府的神。这本身就很好笑。

在历史长河中，文化的渗透作用并不取决于社会学家的论述，却与艺术家的描绘有很大关系。想在纽约现代艺术博物馆看一场有关普鲁托或布鲁托的展览，或许还需要等上相当长一段时间，但这丝毫不影响连环画创作者们的热情，他们会把普鲁托或布鲁托的故事与各种事件联系起来。

或许我们不该完全否认普鲁托或布鲁托这个名字带有的乡土气息。迪士尼公司是一家美国公司，米奇是动画片中的贵族，而布鲁托是米奇的宠物。冥王星普鲁托是由一位来自美国中部的农村小伙在亚利桑那州山区观测时发现的，而发起并资助这项观测任务的是一位波士顿的贵族后裔(珀西瓦尔·洛厄尔)。

我们还创作了以乡村家庭的手工作坊为背景的口诀[14]，帮助孩子们记住从太阳向外排列的行星顺序。

我有非常容易的方法，可以帮我们轻松记住行星的名字。

(My Very Easy Method Just Simplifies Us Naming Planets.)

14. 这9个英文口诀中，每个口诀中的英文单词首字母分别为M、V、E、M、J、S、U、N、P，分别是以太阳为中心向外排列的各大行星(水星、金星、地球、火星、木星、土星、天王星、海王星、冥王星)的英文名首字母。—— 译者注

我那非常优秀的母亲，刚刚为我们准备了九种酱菜。

(My Very Excellent Mother Just Served Us Nine Pickles.)

我那很有涵养的母亲，刚刚为我们翻烤了九个馅饼。

(My Very Educated Mother Just Stirred Us Nine Pies.)

我那非常出色的朋友，刚刚向我们展示了九大行星。

(My Very Excellent Man Just Showed Us Nine Planets.)

我那非常押韵的口诀，看来对记住行星的名字很有帮助。

(My Very Easy Memory Jingle Seems Useful Naming Planets.)

我那非常机灵的猴子，刚好坐在诺亚[15]的门廊。

(My Very Excellent Monkey Just Sat Under Noah's Porch.)

我那起得很早的母亲，刚刚看到九个特别的馅饼。

(My Very Early Mother Just Saw Nine Unusual Pies.)

玛丽天鹅绒般的眼睛，使约翰彻夜难眠。

(Mary's Velvet Eyes Make John Sit Up Nice and Pretty.)

玛丽紫罗兰色的眼睛，让约翰魂牵梦绕。

(Mary's Violet Eyes Make John Stay Up Nights Pondering.)

许多非常热忱的男人，在日常压力下只是个胆小鬼。

(Many Very Eager Men are Just Sissies Under Normal Pressure.)

人类非常早期制造的罐子，可以近乎垂直地立起来。

(Man Very Early Made Jars Stand Up Nearly Perpendicular.)

15. 诺亚，《圣经》故事中被上帝选中建造方舟使家人和各类动物在大洪水中得以逃生的人物。——译者注我那非常优雅的母亲，刚好坐在九头豪猪旁。

（My Very Elegant Mother Just Sat Upon Nine Porcupines.）

在上面的大部分英文口诀中，代表着冥王星的最后一个首字母为P的单词都是关键词。一旦缺少了这个以P开头的单词，整个口诀就失去了意义，不再是一个完整的句子了。

自20世纪80年代末起，记忆行星的最受欢迎的口诀已经成了“我那很有涵养的母亲，刚刚为我们准备了九块比萨饼（My Very Educated Mother Just Served Us Nine Pizzas）”。这个口诀把冥王星与在美国最受人们，特别是孩子们喜爱的食物[16]联系在了一起。因此尽管也有一些广为流传的口诀，但都没有这句得人心。

仔细想想，为行星记忆口诀选择“比萨饼”一词，我还有突出贡献呢。在我读研究生时（开始在位于奥斯汀的得克萨斯大学上学，后来在位于纽约的哥伦比亚大学上学），只听说过把冥王星和西梅干（prune）联系在一起的口诀。很有涵养的母亲一定很重视孩子的肠胃健康，当然会让他们吃很多西梅干，这非常符合逻辑；而冥王水这种轻泻剂也确实与西梅干风马牛不相及。我不喜欢西梅干，但特别喜欢吃比萨饼。鉴于美国人一天能吃掉100英亩（约40万平

16.美国人每年大约吃掉30亿块比萨饼，每天吃掉的比萨饼面积有100英亩（约40万平方米），每秒吃掉350片切开的比萨饼。《有关比萨饼的一切》，载德卢卡妈妈的比萨饼网站，2007年。

方米）的比萨饼，我肯定不会是唯一喜欢吃比萨饼的人，所以我觉得吃9块比萨饼也不是什么怪事。相反，要是让我吃9颗西梅干，我才觉得是怪事。因此，20世纪80年代初在得克萨斯大学做助教期间，我在我教的天文课上把口诀里的“西梅干”改成“比萨饼”了。这样一算，我在从得克萨斯大学研究生毕业前也教了几千名学生了。1988年，我的第一本书《默林的宇宙之旅》出版，在该书中写到这个口诀时我也用比萨饼代表冥王星。于是，从90年代初开始，我就再也没听说过用“西梅干”代表冥王星的那个口诀。

对行星按照距太阳从近到远的顺序背诵，在学校课堂上持续了很多年，这使九大行星的排序在学生和老师眼里有了一些神秘色彩。无论是对应什么级别的课程，只要是介绍太阳系的教材，都会从以太阳为中心向外排列的九大行星开始讲起，并配有介绍九大行星相对大小的表格或示意图。这一传统在教学上的效果变得就像可口的食物一样受大家欢迎。从某种程度上，我们知道了行星的排列顺序，就知道了那颗小小的冥王星在最外层的第9个环上运转，也就对宇宙有了更深的了解。就连1980年卡尔·萨根（Carl Sagan）同他的两位同事洛乌·弗里德曼（Lou Friedman）和布鲁斯·默里（Bruce Murray）（两人均就职于帕萨迪纳的美国国家航空航天局喷气推进实验室）组建的美国行星协会都把免费热线电话的号码设为1-800-9WORLDS（即1-800再加上9个天体）。

20世纪70年代美国发射了两个航天器，分别是“旅行者1号”和“旅行者2号”，但直到80年代它们才开始飞掠外太阳系的行星。这两个航天器向我们展现了木星、土星、天王星和海王星以及它们各自的卫星。我们发现，这些卫星说不定与它们所环绕的行星一样有意思。很快，人们了解到太阳系不止有9个神秘的天体，还有7颗卫星的质量比冥王星大。这些卫星分别是地球的卫星——月球，木星的卫星——木卫一、木卫二、木卫三和木卫四，土星的卫星——土卫六，海王星的卫星——海卫一。小学老师通常会让学生记住九大行星的名字（大多是当学生首次认识太阳系时），无形中略去了九大行星之外那些具有奇特地貌和神秘现象的天体。

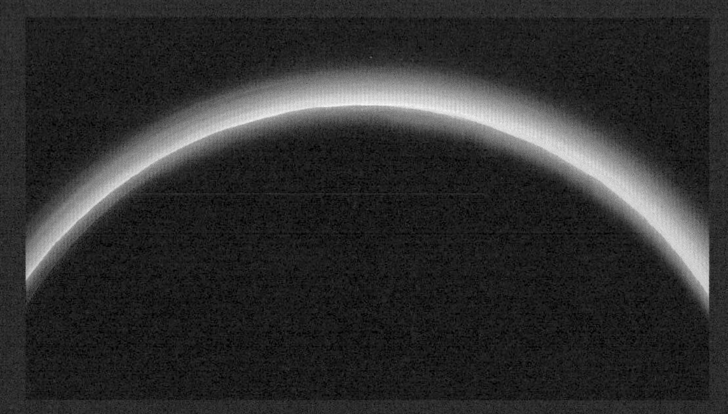

冥王星大气层

冥王星北半球

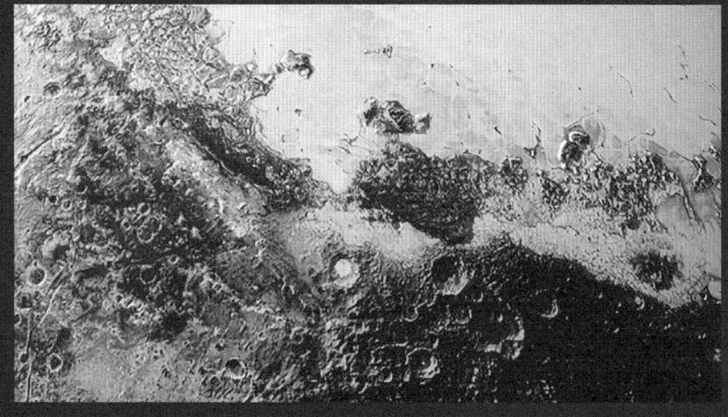

斯普特尼克平原西南部边缘地带

二 历史中的冥王星

1.
X行星存在吗？

在冥王星被发现之前，人们把那颗未被发现的行星称为X行星。

所谓X行星，是指外太阳系的一颗尚未被发现的行星。只有考虑了这颗行星的引力效应后，我们才能解释现有行星的运行规律。可是，你最近听说过有关X行星的消息吗？恐怕没有吧。因为X行星根本就不存在。但曾有很多人坚信X行星存在，也正是这种信念支撑着他们坚持不懈地进行探索，并最终发现了冥王星。

谈到X行星的出现，得先从德裔英国天文学家威廉·赫歇尔爵士说起。1781年3月13日，赫歇尔多少有些偶然地发现了天王星。这是18世纪天文学上的一个重大发现，因为此前还从未有人发现过新行星。以前的几颗行星，包括水星、金星、火星、木星和土星，都是用肉眼就能观察到的，古人早就知道它们。赫歇尔自己也不相信发现了新的行星。即使所有证据都与他的想法相悖，他仍然认为那可能是颗彗星。他甚至用《彗星记录》[1]作为关于他这一发现的论文标题。但其他天文学家都不认可他的想法。1781年4月29日，被誉为18世纪彗星“搜寻之王”的查尔斯·梅西耶（Charles Messier）[2]说：“我一直觉得这颗新发现的彗星很怪异，它不具备任何彗星的特征。”[3]

许多文献都曾经记录过天王星在天空中的位置，这说明赫歇尔并不是第一个看到它的人，只不过之前看到它的人都把它错当成恒星了。最倒霉的要数法国天文学家皮埃尔·查尔斯·勒莫尼耶（Pierre Charles Lemonnier）了。他从1769年1月开始，先后6次观测到天王星，却从未真正发现它。当赫歇尔证明这个神秘的天体在运动时，天文学家们就开始计算它的运行轨道。在将近一个世纪的时间里，前人记录了关于天王星位置的大量数据，极大地提高了轨道计算精度。结果表明，天王星的运行轨道为规则的近圆形轨道，距太阳很远，全然不同于所有已知的偏心率很大的彗星运行轨道。话说到这份上，只要不是装聋作哑，就不能再说这一新发现的天体是彗星。

然而，太阳系行星的运行轨道也并非全都中规中矩。天王星就表现得很不好。即使把所有已知的引力源都考虑在

1.威廉·赫歇尔：《彗星记录》，载《伦敦皇家学会哲学汇刊》，71，1781年，492页。

2.查尔斯·梅西耶，法国天文学家。他的成就在于给星云、星团和星系编上了号码，并制作了著名的“梅西耶星团星云列表”。——译者注

3.《赫歇尔编年史》，康斯坦丝·卢伯克（Constance A. Lubbock）编，纽约，剑桥大学出版社，1933年，86页。

内，它绕太阳的运行轨道仍不遵循牛顿的万有引力定律。一些天文学家甚至认为，牛顿的万有引力定律在距太阳那么远的地方已经不适用了。这种说法也有一定道理，物体的运动状态在新的条件或极端条件下有可能不符合物理定律所预测的结果。但牛顿定律并非刚发现的新定律，它已经经过长期检验，其权威性毋庸置疑。在赫歇尔发现天王星以前，一百年来运用牛顿定律进行的预测都已被证实。这些预测中最著名的例子大概是埃德蒙·哈雷（Edmond Halley）预测于1759年回归的彗星，这颗彗星后来被命名为哈雷彗星。

天王星轨道异常最直接的原因是什么呢？原因很有可能是，还有没被发现的外太阳系天体隐藏在天王星外的轨道上，在计算天王星的运行轨道时，没有将这个隐藏天体的引力考虑在内。

早在18世纪末期，法国数学家皮埃尔-西蒙·德·拉普拉斯（Pierre-Simon de Laplace）[4]提出了摄动理论[5]，并在著名的多卷本《天体力学》中对该理论进行了阐述。拉普拉斯提出的新数学方法有助于天文学家分析未知天体的微小引力影响。欧洲的数学家和天文学家用拉普拉斯的数学方法，继续研究影响天王星运动的因素。1845年，名不见经传的英

4.皮埃尔-西蒙·德·拉普拉斯，法国分析学家、概率论学家和物理学家。法兰西学院院士，1817年任该院院长。1812年发表了重要的《概率分析理论》一书。——译者注

5.摄动理论，研究确定摄动的大小和变化规律的理论和方法。一个天体绕另一个天体沿二体问题的轨道运行时，因受到其他天体的吸引或其他因素的影响，天体的运动会偏离原来的轨道。这种偏离的现象称为摄动。——译者注

国年轻数学家约翰·库奇·亚当斯（John Couch Adams）拜见英国皇家天文学家乔治·艾里（George Airy），希望用望远镜寻找第八大行星。不过，拥有皇家天文学家的身份本身就意味着，此人应该精通数学。因此，艾里忽略了亚当斯的观测请求，既没有寻找那颗行星，也没有认真考虑这个年轻人的提议。第二年，法国天文学家于尔班-让-约瑟夫·勒威耶（Urbain-Jean-Joseph Leverrier）做了类似的计算。1846年9月23日，勒威耶与时任柏林天文台副台长的约翰·戈特弗里德·伽勒（Johann Gottfried Galle）讨论了数学预测的结果。当天晚上，伽勒就进行了观测，并发现了一颗新的行星，行星所在的位置与勒威耶的计算结果只相差1度。这颗行星后来被命名为海王星。

谁知，太阳系行星的运行仍然不合规律。除去海王星的影响后，天王星的运行轨道仍然不太符合牛顿定律。同时，海王星的轨道也有些异常。难道还有另一颗新的行星等待着我们去发现吗？

2.
冥王星有多大？

珀西瓦尔·洛厄尔早年对火星十分痴迷，产生过许多遐想。他曾经认为火星上存在过文明，而且认为火星智慧生物开凿了多条运河，以便将水从北极冰盖引入城市。洛厄尔猜想逐渐枯竭的水资源将火星智慧生物推向了灭亡的边缘。这个想法促成了《世界大战》一书，火星殖民成了当时的热门话题。不过，洛厄尔一生的大部分时间都在寻找X行星（X即代数中的未知数）——外太阳系那个干扰海王星运行轨道的神秘天体。按照这种看法，过去的人当然可以把海王星视为干扰天王星运行的那颗X行星。

利用海王星的轨道摄动寻找X行星的方法已经行不通。要想发现新的天体，只能依靠大规模巡天。

看着一张张密密麻麻地布满了几百万个亮点的图片，试图在一张图片与另一张图片的变化之中找到新行星，这样的工作谁都不愿意做。好在科学家发明了一个巧妙的机械光学仪器——闪视比较仪，它利用人眼能在静止背景中觉察到物体的变化和位移这一特别功能。使用它时要将在同一天区拍摄，但拍摄时间不同的两张照片并排放在一起，保证两边完全对齐，然后连续来回切换两张照片。与背景天区比较后，天体的亮度变化或位置变化都会立刻显现出来。

1916年，珀西瓦尔·洛厄尔逝世。随后，洛厄尔天文台聘任克莱德·汤博继续进行这项枯燥的搜寻工作。1930年，也就是发现X行星的这一年，这个年轻人比对了他在1月23日和29日拍摄的天樽二（双子座δ，双子座中亮度排名第八的天体）附近天区的照片。这项比对工作使汤博发现了X行星，由此他成为了历史上第三个，也是最后一个在我们生活的太阳系发现新行星的天文学家。

任何一项设计严谨、执行严格的科研计划，一旦实施就不会因为有了新的发现而停滞。继续完成这个科研计划，就有可能有其他发现。因此，在发现冥王星后的13年里，汤博搜索了超过30,000平方度的天区（总天区面积为41,253平方度），但没有找到比冥王星更亮的非恒星天体。即便如此，他也没有白费时间。汤博发现了6个新的星团、几百颗小行星和一颗彗星。这项巡天观测在此后几十年内，成为对外太阳系最彻底的地毯式搜索。

然而，新发现的冥王星是人们所说的X行星吗？人们起初认为冥王星的大小和质量与海王星的相当，而海王星的质量约为地球的18倍。若冥王星的引力能干扰海王星的轨道运动，冥王星的质量必须与海王星的在同一量级上。但冥王星离我们太远了，超过了当时已有望远镜的观测极限。通过望远镜观测冥王星，人们最多只能看见一个小亮点，无法判断其大小。事实上，人们只能先假设冥王星的表面反射率，再根据其亮度推测冥王星的大小和质量。

此外，还可以用一种巧妙的方法估算冥王星的大小，从而大致估计其质量，即在观测冥王星运动时记录它挡住背景恒星的时间。将冥王星的距离和轨道速度，与背景恒星变暗的时间长短结合起来，可以很好地估算冥王星所占的天区宽度。但越来越多的恒星以越来越近的距离从冥王星后面经过，恒星的亮度却并没有减小。这时天文学家不得不认真考虑冥王星到底有多大这个问题了。

1978年，天文学家发现，冥王星有一颗与其距离很近且相对较大的卫星。这颗英文名被定为Charon（卡戎，冥卫一）的卫星，可用来估算冥王星的质量。简单地套用牛顿的万有引力定律，我们惊讶地发现，冥王星的质量一下子从海王星量级陡降至不到地球质量的1%。1980年，美国赖斯大学的德雷斯勒（A. J. Dressler）和加利福尼亚大学洛杉矶分校的拉塞尔（C. T. Russell）在地理通讯杂志《地球与空间科学新闻》（*EOS*）上发表了一篇文章。在此文中他们绘制了冥王星自发现起至20世纪70年代其质量估计值的分布图，并根据冥王星质量估计值不断减小的事实，半开玩笑地预测，照此趋势冥王星将于1984年从太阳系消失（图2.1）。[6]

如此说来，冥王星的质量太小了，不足以导致天王星和海王星的运行轨道异常。X行星仍隐藏在太阳系外缘的某个地方，等待我们去发现。

人们一直认为存在着X行星，直到1993年5月。此时，在加利福尼亚州帕萨迪纳的喷气推进实验室任职的小迈尔斯·斯坦迪什（E. Myles Standish Jr.）在《天文学杂志》发表了题为《X行星：光学观测手段无法为其提供动力学证据》的文章。斯坦迪什利用“旅行者号”飞掠天体时传回的数据，

6.德雷斯勒，拉塞尔：《冥王星终将消失》，*EOS*，61(44)，1980年，690页。

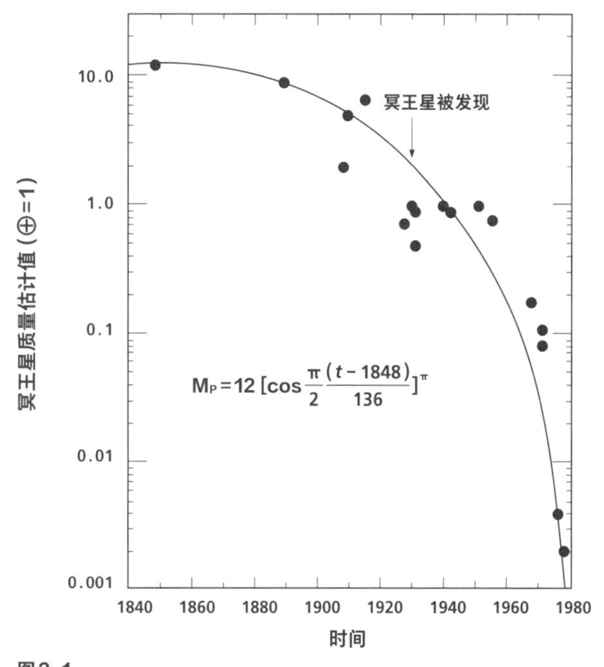

图2.1

德雷斯勒和拉塞尔绘制的原创曲线图（1980年）。图中显示了从人们认定冥王星是X行星至绘制本图时，其质量估计值的变化。M_P（冥王星质量）的数学式是对这些估计值的最佳拟合式。可以看出，若冥王星质量的估计值继续减小，冥王星将于1984年消失在太阳系中。图片摘自德雷斯勒与拉塞尔撰写的文章《冥王星终将消失》，*EOS*，61（44），1980年，690页

估算了木星、土星、天王星和海王星的质量；海王星新的估算质量与当初的估计值约差0.5％——以现在的标准来看确实差得比较多。假定利用"旅行者号"数据得到的行星质量估计值是准确的（明智的做法），不考虑1895～1905年间美国海军天文台误差较大的测量值（又一个明智的做法），斯坦迪什重新计算了这几颗行星的轨道参数。结果如何？

天王星和海王星的运行轨道的异常完全消失了，万有引力定律可以很好地解释太阳系内已知天体的运行轨道。换句话说：X行星并不存在。根据对太阳系的引力估算，大质量天体已经全部被发现。

3.
忽多忽少的行星数量

说到这里，行星是什么，或者说行星应该是什么似乎已经显而易见。一个环绕太阳运行的天体，如果不是彗星，也不像卫星那样环绕着其他天体运转，那它基本上就是行星了。众所周知，1781年威廉·赫歇尔发现了天王星，1846年柏林天文台的约翰·伽勒发现了海王星。但却很少有人知道，1801年1月意大利天文学家朱塞佩·皮亚齐（Giuseppe Piazzi）在火星轨道和木星轨道之间的区域，发现了一颗恬静地环绕太阳运行的“行星”谷神星。火星与木星之间令人疑惑的宽广空白区终于被填充上。然而，天文学家很快发现，与其他行星相比谷神星太小了。1802年3月28日，德国天文学家海因里希·威廉·奥伯斯（Heinrich Wilhelm Olbers）在谷神星轨道附近发现了智神星。而对这两颗新“行星”，威廉·赫歇尔用分辨率极高的望远镜都无法看清它们的真面目。通过望远镜观测，这两颗“行星”除了在可视范围内有明显的移动外，与遥远的恒星并无区别。1802年，赫歇尔给他的老朋友、医生兼科学家威廉·沃森（William Watson）写信，信中表达的内容与我们现在争论冥王星身份的内容一样：

> 你知道了吧，现在发现了两个新的天体。我觉得用我的语言很难描述它们是什么。就像我们不能把剃须刀称为刀，把切肉刀称为短柄斧子一样，这两个新的天体也称不上行星。它们的确在绕太阳运转，但彗星也在绕太阳运转啊。它们的运行轨道确实是椭圆的，但一些彗星的轨道也是椭圆的啊。这两个天体与行星的主要区别在于它们特别小，比我们所知的行星都要小…… 我们现在已经定义了行星、彗星和卫星，请您帮我尽快再想一个新的名称吧。[7]

一个月后，赫歇尔在给英国皇家学会的投稿中，提出了一个新的描述词“star-like”，它在希腊语中对应的词是我们所熟悉的“aster-oid”——后来小行星的英文名。

谷神星的直径为600英里（约965.6千米），比最小的行星——水星还要小。但当时我们也没觉得把谷神星当成

7.迈克尔·勒莫尼克（Michael Lemonick）：《乔治王朝之星：威廉·赫歇尔和卡罗琳·赫歇尔怎样改变了我们对宇宙的看法》，纽约，阿特拉斯/诺顿出版社，2008年，144页。

行星有什么不妥。到1807年，天文学家已经发现了3颗像谷神星这种特别小的行星，分别是智神星、婚神星（英文名Juno，朱诺，罗马人对希腊神话中女神赫拉的称呼）和灶神星（英文名Vesta，维斯太，罗马人对希腊神话中女灶神的称呼）。截止到1851年，人们又发现了11颗这样的行星。当时的教科书上所写明的太阳系内行星数量为18颗。这些新发现的行星都很小，轨道的位置和大小都与谷神星相似。到1853年，天文界显然已经确认了一个新的天体类别——小行星。这类天体在太阳系中占据了一条崭新的轨道区域——小行星带[8]。行星的数量几乎在一夜之间就骤减到8颗。这8颗行星是水星、金星、地球、火星、木星、土星、天王星和海王星（图2.2）。

谷神星是最先被发现的小行星。这是因为在所有小行星中它是体积最大的，也是最明亮的一颗。尽管谷神星的大小约为所有其他已知小行星之和的2倍，是小行星中最大的天体，但却是行星中最小的天体。

从古希腊时期开始，一直到1543年尼古拉斯·哥白尼（Nicolaus Copernicus）[9]发表代表作《天体运行论》为止，人们所知的行星共有7颗。行星的名称取自罗马神话和古代斯堪的纳维亚神话中的诸神，每星期的7天也分别用这些神的

8.小行星带，太阳系内介于火星和木星轨道之间的小行星密集区域，这里的小行星数量估计多达50万颗，因此小行星带也被称为主带。——译者注

9.尼古拉斯·哥白尼，欧洲文艺复兴时期的波兰天文学家、日心说创立者。曾研究数学、天文学、法学和医学，并参加政教活动，著有《天体运行论》。——译者注

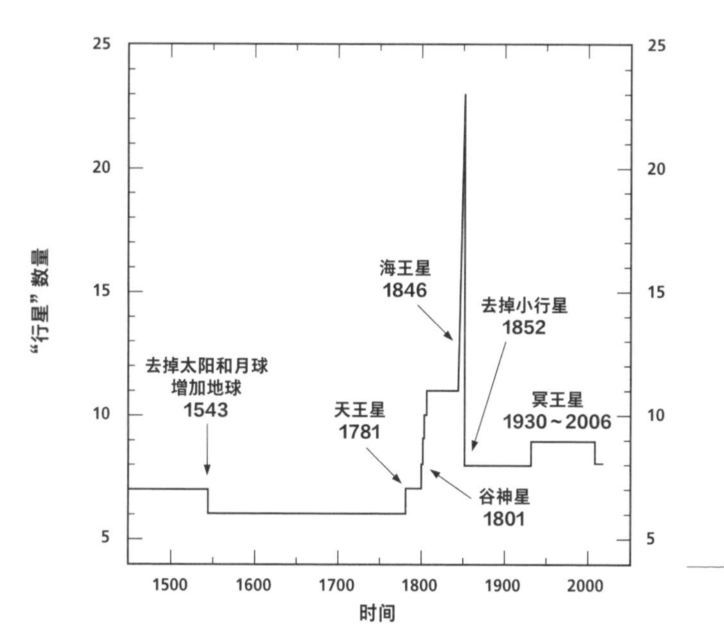

图2.2

太阳系行星数量的变化。从古希腊时期至1543年，行星数量从未变过，只有7颗[10]。哥白尼完善日心说以后，太阳系的行星数量减至6颗，此后加上新发现的小行星，行星数量达到峰值23颗。小行星单独分出来作为新的天体类型后，行星数量降回到8颗[11]。1930年冥王星被发现后，行星数量增加为9颗。2006年8月，行星数量又减少为8颗[12]。摘自史蒂文·索特尔（Steven Soter）的文章《何为行星？》，选自《科学美国人》，2007年1月

10.这里指肉眼可见的金星、木星、水星、火星和土星5颗行星，再加上太阳和月球。——译者注

11.这里指金星、木星、水星、火星和土星5颗行星，再加上地球，还有天王星和海王星。——译者注

12.这是因为冥王星被降级为矮行星。——译者注

名字来命名。古希腊人认为，在所有天体中，只有7个天体会划过由恒星组成的背景天区。由于没有完全搞清楚这7个天体的运行轨迹，古希腊人就将它们称为“wanderer”，这一希腊语译成英语便是“planet（行星）”。当时的行星列表上包括：水星、金星、火星、木星、土星、太阳和月球，对那时的人们来说，这份行星列表既明晰又经典。

哥白尼推翻了地心说，建立了日心说——太阳在中心，月球绕着地球转，地月系绕着太阳转。我们如今所说的太阳系就此产生。那么，原来的七大行星此后又发生了什么改变呢？人们将太阳和月球移出行星序列，并将地球加入进来，与其他旋转的行星编在一起，排在相应的位置。重新编排后的行星概念已得到公认，行星的数量减少为6颗。然而这样的重新编排并没有经过会议表决，人们也没有为此商定出行星的正式定义。重新编排后，行星概念似乎已经足够清晰。或许，只是我们这么认为。

斯普特尼克平原以西的山地

斯普特尼克平原西部边缘地带

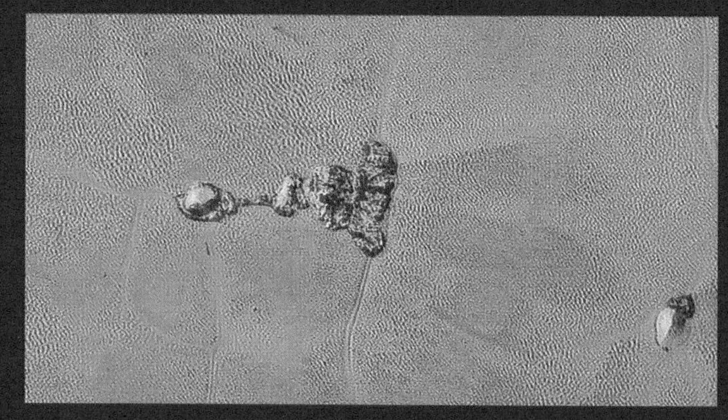

斯普特尼克平原西部的冰原和冰山

三 揭开冥王星的神秘面纱

1. 不同凡响的冥王星

冥王星的物质组成中，岩石物质占其总质量的70%，各类冰物质占其总质量的30%。但由于岩石的密度比冰大，岩石物质占冥王星总体积的45%。因此按体积百分比算，冥王星的大部分是由冰物质组成的。冥王星具有许多太阳系中其他行星所不具备的性质，这只是其中一个。或许，每颗行星都或多或少有自己的独特之处，但要把冥王星的列出来，可能有其他所有行星的加起来那么多。

冥王星是迄今为止质量最小的行星[1]，其质量只有太阳系第二小的行星——水星的5%。

冥王星的运行轨道是个大椭圆，远远偏离正圆，且与相邻的行星——海王星的轨道有交叉(图3.1)。冥王星绕太阳一圈需要248年，其中有20年它比海王星更靠近太阳。

1. 2006年，国际天文学联合会经过表决，将冥王星开除出行星行列，降级为矮行星。——译者注

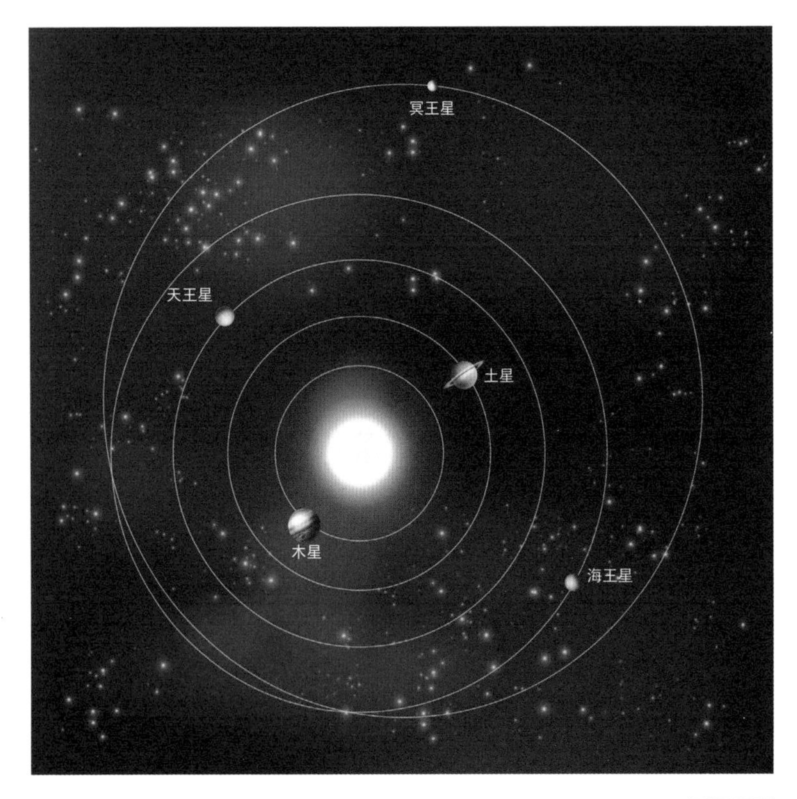

图3.1

外太阳系行星的运行轨道。"俯瞰"太阳系，冥王星的轨道过长，是太阳系中唯一一个与其他行星（海王星）轨道有交叉的行星

冥王星的轨道不仅很扁，而且还是倾斜的——与太阳系黄道面的夹角为17度，比太阳系内倾斜度第二的行星——水星还大10度（图3.2）。

冥王星的最大卫星的英文名为Charon（卡戎，冥卫一）。这个名字源于希腊神话中冥河的摆渡人卡戎，他会驾

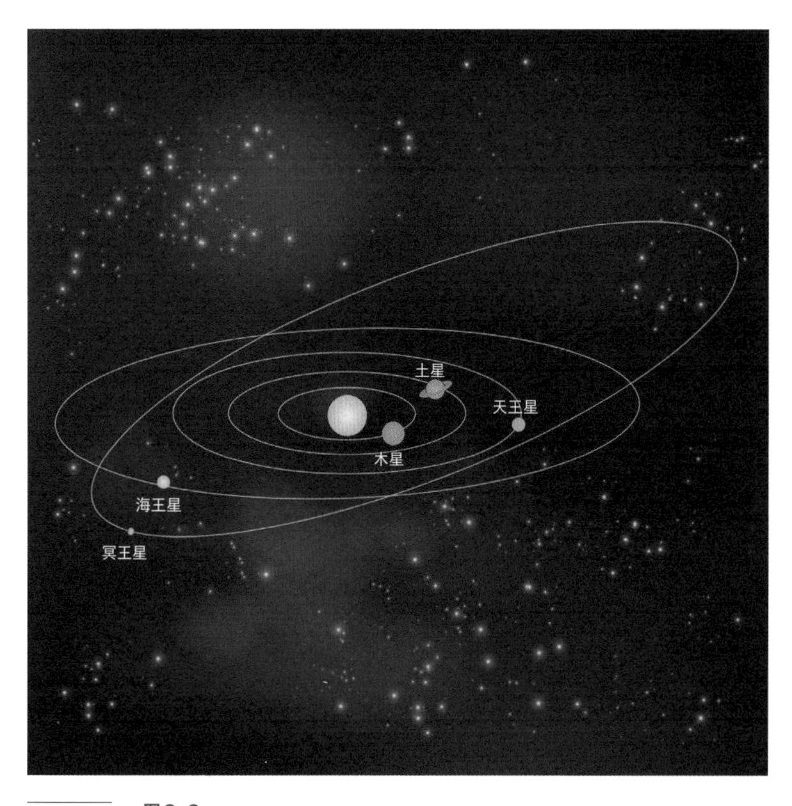

图3.2

外太阳系的行星轨道透视图。从这个角度看，冥王星轨道相对于太阳系黄道面的倾斜十分明显

驶小船将不幸的灵魂从冥河引渡到阴间。冥卫一是人们通过61英寸（约1.55米）的卡伊·斯特兰德望远镜拍摄的天文观测照片发现的。该望远镜位于亚利桑那州的美国海军天文台弗拉格斯塔夫观测站。1978年6月，美国海军天文台的詹姆斯·克里斯蒂（James Christy）在模糊的冥王星照片上

发现了奇怪的凸起。[2]1985年2月，理查德·宾泽尔（Richard Binzel，当时是得克萨斯大学奥斯汀校区的研究生）及其合作者证实了冥卫一的存在：当冥卫一从冥王星前经过时，冥王星整体亮度降低。[3]冥王星终于移动到了这样一个特别的轨道位置：从地球角度看，冥卫一正好可以从地球和冥王星之间经过。

与作为“行星”的冥王星相比，冥卫一太大了。换句话说，与冥卫一相比，冥王星显得过于小了。它们环绕运转的中心并非位于冥王星上，而是在二者之间。太阳系中大多数卫星环绕行星运转的中心都在主星上，而冥王星-冥卫一系统则显得与众不同，二者环绕运转的中心在冥王星之外。借助宾泽尔的观测就可以对冥卫一运行周期进行精确估算，而估算结果显示，冥卫一绕行冥王星一周的时间与冥王星绕自转轴旋转一周的时间正好吻合。

冥王星和冥卫一之间存在罕见的双潮汐锁定，即两个天体永远保持面对面运行。潮汐锁定[4]本身并不稀奇。木星和土星都对其各自最近的卫星实现了潮汐锁定。地球对月

2. 克里斯蒂：《1978 P1》，载《国际天文学联合会中央天文电报局简报》，第3241号通告，1978年6月7日。

3. 宾泽尔，托伦（D. J. Tholen），特德斯科（E. F. Tedesco），布拉蒂（B. J. Buratti）和纳尔逊（R. M. Nelson）：《冥王星-冥卫一系统中掩食现象的探测》，载《科学》，228（4704），1985年，1193-1195页。

4. 潮汐锁定，也称同步自转，指重力梯度使天体永远以同一面对着另一个天体。例如，月球永远以同一面朝向地球。潮汐锁定的天体绕自转轴旋转一圈的自转周期与绕同伴转一圈的公转周期相同，这使该天体始终以同一面朝向同伴。——译者注

球也实现了潮汐锁定，因此从地球上看去，月球有了“正面”和“背面”之分。尽管月球也在尽力对地球实现潮汐锁定，试图使地球上每天的时间越来越长，直到达到一个朔望月，但由于太阳的寿命是有限的，所以地球长达一个朔望月的那一天永远不会到来。因此，行星里唯一存在双潮汐锁定的就只有冥王星和冥卫一了。

尽管冥王星的轨道和海王星有交叉，但它们永远不会相撞。因为海王星将冥王星锁定在另一种被称为轨道共振[5]的状态中。冥王星绕太阳公转两圈所需的时间，正好等于海王星绕太阳公转三圈所需的时间，二者的轨道共振比为2∶3。在太阳系中，只有这对“行星”有这样的轨道共振比。

此后，人们在冥王星的运行轨道上发现了许多冰质小天体。这些冰质小天体是太阳系形成时的残留物质，会与冥王星发生碰撞。这些可能撞击冥王星的小天体的质量总和与冥王星的质量在一个数量级，这使冥王星显得更加与众不同。其他行星(包括地球)都有能力清理自己的运行轨道。尽管它们仍有可能与扑向自己的小行星或彗星相撞，但这些行星的质量也要比这些撞击体大得多。[6]意大利天文学家温琴佐·扎帕拉(Vincenzo Zappalá)是一位小行星搜寻专家，面对冥王星的这种境地，他忍不住创作了一幅关于

5.轨道共振，当两个天体的轨道周期之间存在简单的整数比时，双方定期相互施加引力影响的效应。在某些情况下，一个共振系统可以长期保持稳定并做自我纠正。——译者注
6.史蒂文·索特尔:《何为行星?》，载《天文学杂志》，132，2006年，2513-2519页。

冥王星的卡通画。画中的冥王星孤零零地站在家中的一堆垃圾上，其他行星则很不屑地冷眼旁观。

当然，冥王星及其卫星冥卫一与其他行星还有个重要的共同点，那就是它们都是圆圆的球体。不过除了晶体和碎石块外，宇宙中的大多数物体都没有尖锐的棱角。从最简单的肥皂泡到我们所能观测到的宇宙，球体比比皆是。球体的形成服从于简单的物理定律。利用初级的微积分知识就可以证明，同样体积下，表面积最小的几何体就是球体。如果集装箱和超市里的包装盒都能更换成球体，每年就可以节省几十亿美元的包装费。一大盒晶磨[7]麦圈可以轻松放入半径5英寸（约12.7厘米）的球体盒子里。但在实际生活中，球体的实用价值不高。球状的包装盒既难以包装，又不易摆放，没有人会愿意追着滚下货架的包装盒到处跑，苹果和橘子就是很好的例子。

宇宙中的物体一旦体积或质量超过一定限度，在内部能量和引力的作用下就会变成球体。引力从各个方向上使物质向内坍塌，使高处的物质将低洼处填平。但物体内部化学键的作用力非常强，有时候引力也难以发挥作用。喜马拉雅山就没有被地球引力牵制住，每年都会长高。不过你先别因为看到地球上的巍峨群山而激动，要知道，从最深的海沟到最高的山峰之间的高度差也不过十几英里（1英里约等于1.6千

7. 晶磨，美国的一个食品品牌。—— 译者注

米），而地球的直径约为8,000英里（约1.29万千米）。地球上的山脉起伏就像趴在大地上的渺小人类一样微不足道。地球作为宇宙中的天体，表面十分光滑。若是有一只巨大的手从地球表面（包括海洋和地表的一切）抚过，就能感觉到地球实际上像台球桌上的母球一样光滑。那些昂贵的地球仪上所呈现的山脉凸起都过于夸张，并不符合实际情况。

如果固态天体的表面重力相对较小，使得岩石内部的化学键作用力可以轻松战胜自身重量产生的引力，那么在这种情况下，就会出现各种形状的天体。最著名的两个非球状天体就是火卫一和火卫二，人们把火星的这两颗卫星形象地称为土豆。其中较大的卫星叫火卫一，长约13英里（约20.9千米）。一个150磅（约68.1千克）的地球人站在火卫一上，其体重大概是4盎司（约113.4克）。太阳系中除最大的小行星和彗星外，其他小天体的引力都太小，无法将自己塑造成球体。所以在我们的印象中，这些小天体都是些凹凸不平的石块或冰块。

我们以前一直认为冥王星和太阳系的其他八大行星一样，都是球体，且大小相当，由此构想出一个有九大行星的太阳系图示，并将图示刻在镀金的金属板上，随“先驱者10号”[8]和“先驱者11号”飞往外太阳系。这两个探测器都是美国国家航空航天局在20世纪70年代发射的，那时还

8.“先驱者10号”，第一个研究木星并飞越木星的探测器。借助木星引力场的加速，“先驱者10号”进入了外太阳系。——译者注

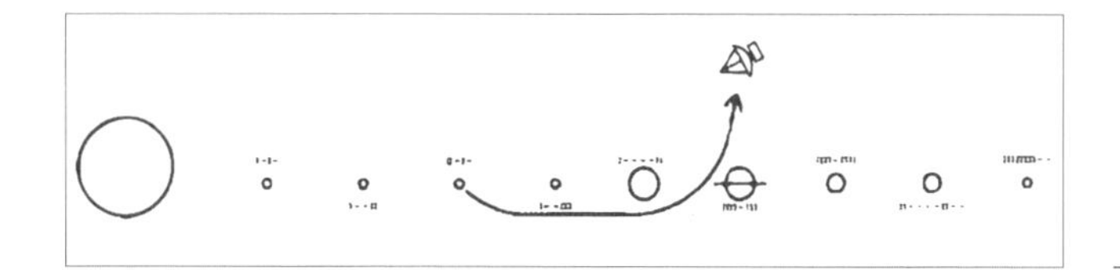

图3.3

人们想象的太阳系结构肯定会误导外星人。“先驱者10号”和“先驱者11号”这两个探测器发射于20世纪70年代初期，在获得了巨大能量后，摆脱了太阳的引力束缚。两个探测器各配有一幅刻在金属板上的图示，用来告诉外星人太阳系的基本结构，以及探测器是从第3颗行星上发射的。鉴于木星和土星的大小比例，冥王星不应是如图所示的一个小圆圈，而应该只有针孔大小。其次，7颗比冥王星大的卫星也都没有画出来。而且4颗气态巨行星（土星、木星、天王星和海王星）都应该有行星环，而非只有土星才有。所以，根据这张地图寻找太阳系的外星人肯定会与我们擦肩而过，即使他们看到了太阳系，也会觉得这张地图绘制的并非太阳系，而是其他星系

没有人质疑冥王星的地位。“先驱者号”探测器是人类历史上第一批摆脱太阳系引力束缚[9]的物体。一旦脱离了太阳系的引力，它们就再也回不到地球。因此，那个简要的图示（图3.3）的目的是，告诉其他恒星系统的那些对此感到好奇的外星人，宇宙中有一个太阳系。图中画出了太阳系的基本组成，并从地球——以太阳为中心向外数排在第3个的行星引出了一条线，提供了向地球回复信息的地址。刻在金属板上的模型没有表示出，根据图中木星和土星的大小，按比例画出的冥王星应该只有针孔那么大；金属板上也没

9.当飞行器的飞行速度超过每秒16.7千米的第三宇宙速度，飞行器将脱离太阳系的引力束缚，飞出太阳系。——译者注

有显示出太阳系中7颗比冥王星还大的卫星。而且图中只画出了土星环，而没有表示出其他气态行星（木星、天王星和海王星）的行星环。所以，遥远的外星人一定会被我们描绘的太阳系结构所误导，在寻找画中所描绘的星系时想必会与我们擦肩而过。

那些好奇的外星人若是知道，一个在冥王星上重10磅（约4.5千克）的人到了木星的4颗最大的卫星上至少重20磅（约9.1千克），一定会觉得很新奇。而上述这些卫星，其引力场都超过让天体变成土豆形状的引力界限。冥王星和冥卫一是一直相互陪伴着，但其实像这样相互陪伴的天体还有很多，几乎囊括了所有卫星、所有行星和所有恒星。

2.
“新视野号”将探明真相

冥王星离我们很远，它与太阳之间的平均距离是日地距离的40倍。冥王星上很冷，平均最高温度为-365华氏度（约-220.6摄氏度）。冥王星很小，其直径比旧金山到托皮卡[10]的距离还短（冥卫一的直径将近该距离的一半）。冥王星是太阳系内我们最不了解的行星，因为以前人们从未

10.托皮卡，美国堪萨斯州首府，到旧金山的距离约为2,800千米。——译者注

图3.4

由美国西南研究院、美国国家航空航天局和约翰斯·霍普金斯大学应用物理实验室联合实施的“新视野号”探测任务展示图。“新视野号”探测器有9个面——数字“9”经常出现在该任务的设计中，不知这究竟是巧合还是科学家希望以此来鼓舞士气

向冥王星发射过探测器。但这种情况很快发生了改变。经过美国国会历经10年左右时断时续的商讨，飞往冥王星的“新视野号”探测任务[11]终于付诸实施（图3.4）。

2006年1月19日，推力强劲的“宇宙神V型”火箭携带着“新视野号”探测器从美国佛罗里达州的卡纳维拉尔角，以当时最快的发射速度发射升空。二级、三级火箭点火后，这个钢琴大小的探测器获得了极大的速度，仅用9小时就

11.“新视野号”探测器由美国国家航空航天局发射，主要任务是探测冥王星及其最大的卫星冥卫一，并探测位于柯伊伯带的小天体群。——译者注

图3.5

艾伦·斯特恩(Alan Stern)(左)是“新视野号”冥王星探测任务的首席科学家。他和本书作者(右)一起摆拍，试图证明天体物理学家也能扮酷。照片是在2006年1月，“新视野号”探测器发射前夕，于肯尼迪航天中心拍摄的

飞越了月球(“阿波罗”飞船上的航天员花费3天半到达月球)，一年后抵达木星，获得引力助推[12]。此后，探测器高速飞行，飞行速度达每小时53,000英里(约85,300千米)，约合每秒15英里(约24千米)。

科学家们在“新视野号”探测器上安装了7台科学仪器，用以解答一些基本问题。比如，冥王星的大气层是由什么组成的？它会怎样流动？冥王星表层是什么样的？是

12.引力助推，也被称为引力弹弓效应或绕行星变轨，利用行星或其他天体的相对运动和引力，改变飞行器的轨道和速度，以此节省航天飞行任务所需的燃料、时间和经费。引力助推既能加速飞行器，也能降低飞行器速度。——译者注

图3.6（第56页上图）

詹姆斯·克里斯蒂（左）是冥卫一的发现者，他旁边是理查德·宾泽尔。宾泽尔是在冥卫一从冥王星前经过时对冥卫一进行观测的首位科学家。这次观测获得了有关冥王星-冥卫一运行系统的重要结论

图3.7（第56页下图）

2006年1月，在“新视野号”探测器发射现场，大量名人莅临观看，现场规模堪称科学界的奥斯卡金像奖颁奖典礼。与本书作者站在一起的是美国杰出的科学教育倡导者之一、《比尔教科学》[13]中的比尔·奈（Bill Nye）（左）。在这张珍贵的照片中，比尔·奈没有戴他那个标志性的领结，而作者却戴了一条花哨的领带，上面印着太阳系的八大行星，冥王星被掩藏在领带打结的位置

否存在大型地质构造？太阳喷射出的粒子（太阳风）会与冥王星的大气层发生什么反应？在地球和冥王星之间的宇宙空间中，尘埃有多稀薄？

美国西南研究院的艾伦·斯特恩（图3.5）是著名的冥王星研究专家，也是“新视野号”探测任务的首席科学家，致力于冥王星系统的研究。在他的邀请下，我很荣幸地参加了“新视野号”发射仪式。鉴于我在冥王星领域的公众影响力，大家慷慨地把艾伦身边的座位留给了我。我非常高兴地接受了这个安排。同时应邀来到肯尼迪航天中心出席发射仪式的还有冥王星的卫星冥卫一的发现者詹姆斯·克里斯蒂和理查德·宾泽尔，还有《比尔教科学》中的比尔·奈（图3.6和图3.7）。当比尔还是康奈尔大学的一名学生时，

13.《比尔教科学》，由迪士尼公司与美国国家科学基金会联合推出的科教节目，自1993年起在美国开播，百科通比尔·奈是讲解人。——译者注

卡尔·萨根在该校任教授。因为每日的科学讲解，比尔得到了大众的广泛认可。而卡尔·萨根所授课程对比尔的影响——比尔对太阳系乃至整个宇宙产生的热爱之情，延续至今。

“新视野号”的任务之一是“完成对太阳系的探测”。我一直不赞同这种论调，因为它使这一任务传达出一种无谓的终结感。人们可以简单地认为我们正在“开启对太阳系全新的探测，开拓我们从未探索过的新大陆”，正如我每次在公众面前所表达的那样。

3.
“哈勃”望远镜的功劳

与此同时，人们也将“哈勃”空间望远镜[14]指向冥王星周围。对于银河系和银河系外遥远星系中稀薄的气体云的拍摄，“哈勃”空间望远镜一直以其拍摄出的照片清晰、细腻著称。哈尔·韦弗（Hal Weaver）和艾伦·斯特恩（图3.5）所领导的冥王星伴星搜寻小组于2005年6月发现了冥王星

14.“哈勃”空间望远镜，以天文学家哈勃的名字命名，在地球轨道运行的望远镜。由于位于地球大气层之外，它拍摄的影像不会受到大气湍流的扰动。在大气层之外，视宁度绝佳又没有大气散射造成的背景光，紫外波段也可被观测到，而在地面上这些紫外线会被地球大气层中的臭氧层吸收掉而无法观测。1990年发射后，“哈勃”望远镜已经成为天文发展史上重要的科学仪器。——译者注

的另两颗卫星（图3.9）。一年后，国际天文学联合会将这两颗卫星的英文名确定为Nix（尼克斯，冥卫二，二者中较靠近冥王星的卫星）和Hydra（许德拉，冥卫三，二者中较外侧的卫星）。[15]

人们曾绞尽脑汁为这两颗卫星命名。这两颗卫星的英文名首字母为N和H，以向执行冥王星探测任务的“新视野号”（英文名New Horizon）致敬，就像冥王星英文名Pluto的前两个字母P和L是向洛厄尔天文台创始人珀西瓦尔·洛厄尔（英文名Percival Lowell）致敬一样。希腊神话中的野兽许德拉（Hydra，希腊神话中的九头蛇，头被砍下后会立即再复生）有9个头，恰好表示冥王星曾经在过去76年里一直是太阳系的第九大行星。同时，许德拉的首字母H也可以代表发现它的“哈勃”空间望远镜（英文名Hubble）。希腊神话中的黑夜女神名为尼克斯（Nix，埃及语Nyx的变形体），同时她也是卡戎（Charon，冥卫一的英文名）的母亲。由此，在太阳系深处的运行轨道上诞生了一个幸福的家庭——“冥王星系统”。

15. 国际天文学联合会：IAU第8723号通告，2006年6月21日。

LOCKHEED MARTIN
USAF

图3.8(第60页图)

四位观看者瞠目结舌地站在“宇宙神V型”火箭旁。该火箭将搭载“新视野号”探测器高速奔向冥王星和更遥远的宇宙。又胖又圆的火箭整流罩中装着探测器。火箭的其他部分——黄铜气缸、白色的捆绑助推器里都装满了火箭燃料。“新视野号”于2006年1月19日成功发射，最高发射速度达每小时35,000英里(约56,000千米)，约合每秒10英里(约16千米)。这是人类发射的飞行最快的航天器

图3.9(第61页图)

“哈勃”空间望远镜观测到的冥王星另两颗卫星的图像。在所有经过长时间曝光的照片中都能看见这两颗卫星。这两颗“候选卫星”的英文名称后来分别被确定为Nix(尼克斯，冥卫二)和Hydra(许德拉，冥卫三)。这两颗卫星是在冥王星轨道上被发现的，“冥王星系统”于是有了一颗主星和包括冥卫一在内的三颗卫星[16]。世界著名的冥王星研究者艾伦·斯特恩(图3.5)和哈尔·韦弗是冥王星伴星搜寻小组的组长，该小组负责该探索任务

16.后来人们又发现了两颗冥王星的卫星，冥王星的卫星数目由此达到五颗。——译者注

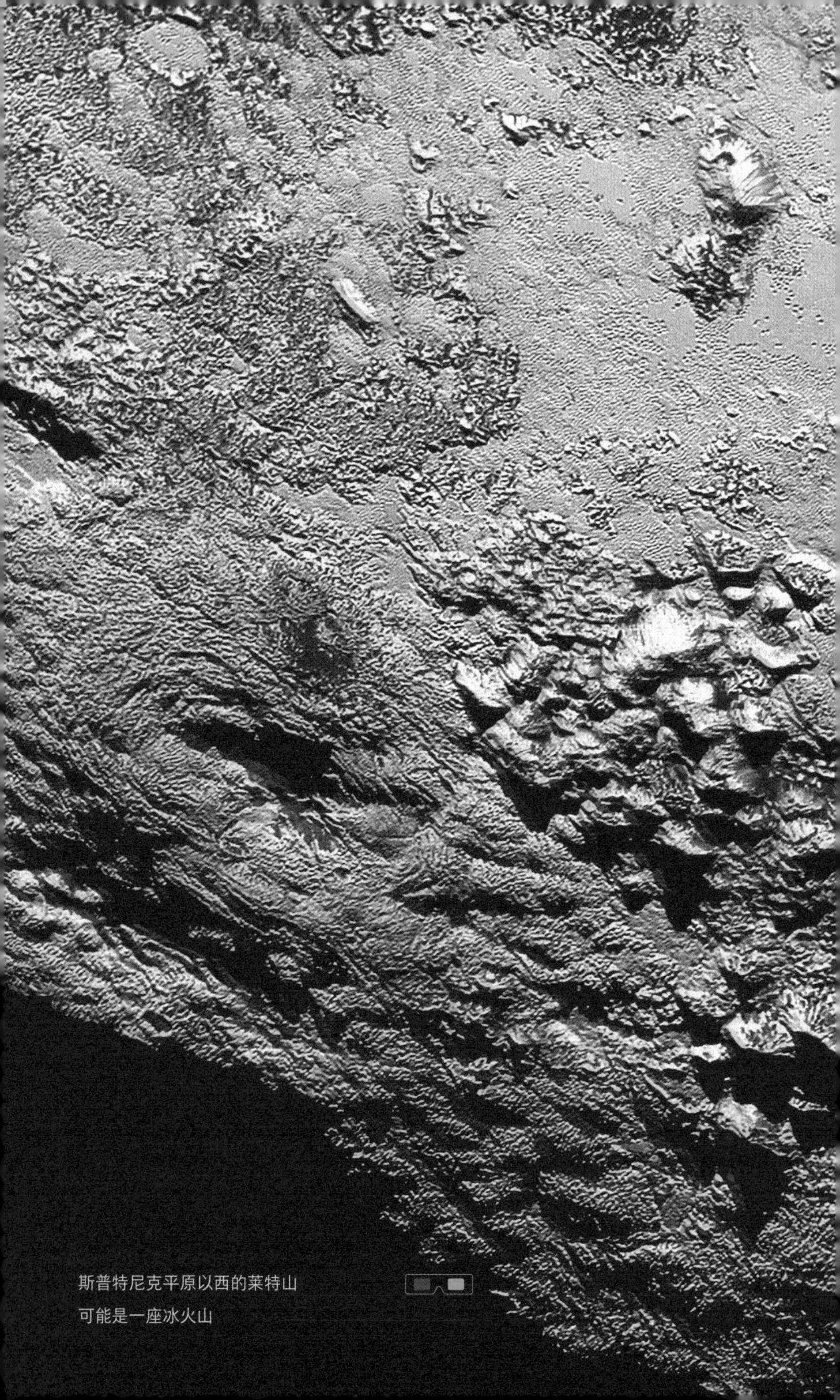

斯普特尼克平原以西的莱特山
可能是一座冰火山

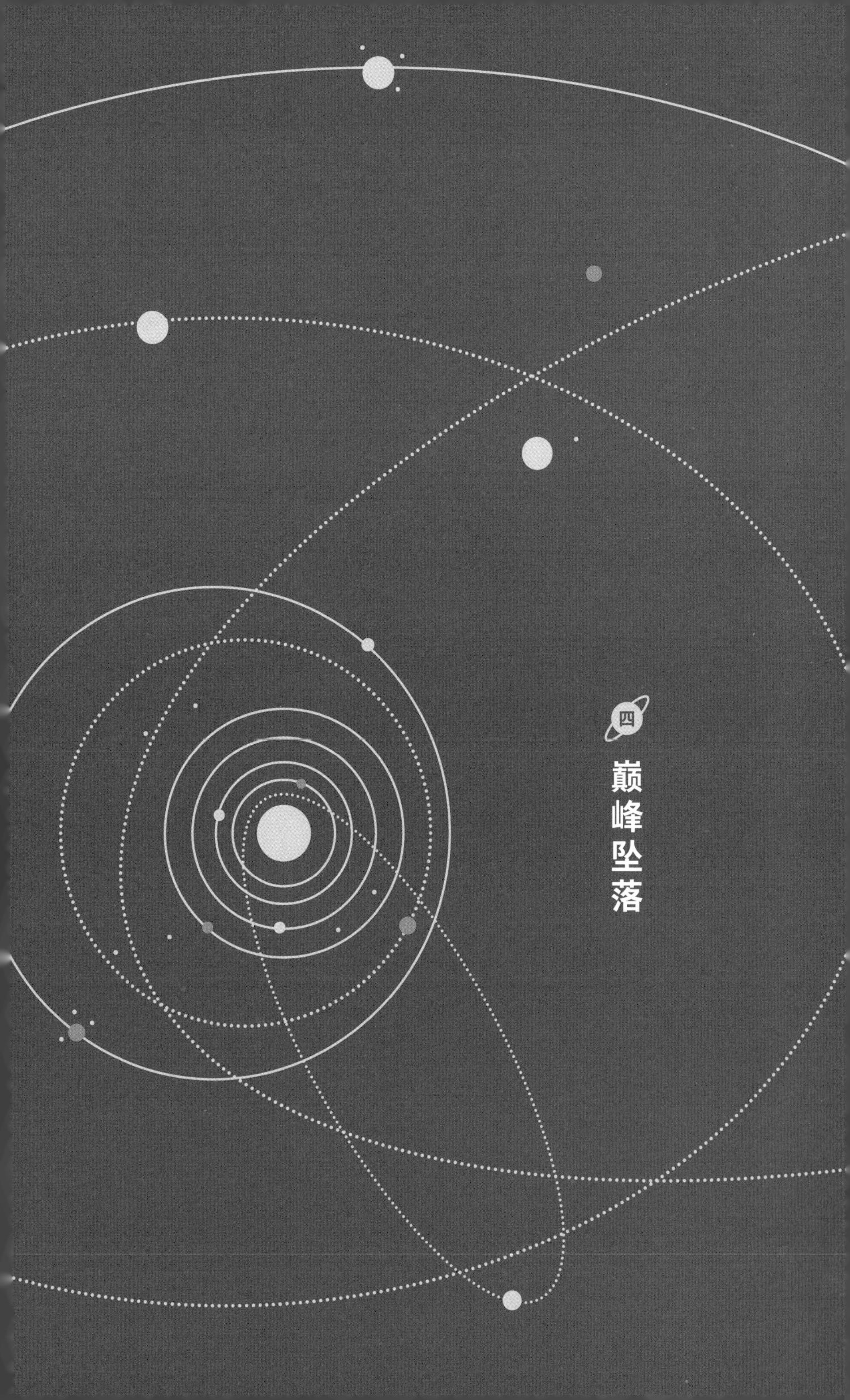

四 巅峰坠落

1.
岌岌可危的行星地位

正如前文所述，从发现冥王星的那天起，我们估算出的冥王星质量，就在逐渐变小。

从20世纪70年代开始，天文教科书的第一部分多以“太阳系”开篇，从离太阳最近的水星一直到冥王星，每章介绍一颗行星。人们大多认为，用这种方法按顺序介绍九大行星可以激发学生的兴趣，更重要的是能够保证科学性，而且学生值得花时间通过“我那很有涵养的母亲……（My Very Educated Mother ...[1]）”来记住行星顺序。然而到了80年代，我们发现了越来越多的小行星、彗星和卫星，对它们的特性也有了越来越清晰的认识。这样，我们就渐渐弄清楚一个事实：行星只是太阳系的一部分。将要飞出太阳系的“旅行者1号”和“旅行者2号”航天器于1977年发射，

1.这个英文口诀中，各单词首字母分别代表水星、金星、地球、火星、木星、土星、天王星、海王星和冥王星。——译者注

在探索太阳系的进程中扮演了重要角色。1979年，这两个航天器相继抵达木星，并在此后十几年中抵达了其他几颗在小行星带以外的行星。通过“旅行者号”的探索，人们惊讶地发现，小行星带以外行星的卫星，与这些行星本身一样有趣，甚至比行星更有吸引力。“旅行者号”开启了一个新纪元，使行星以外的天体得到了应有的重视。

最直接的影响体现在教科书上，人们对书中太阳系这部分内容重新进行了系统编排。冥王星、彗星、小行星，以及带外行星的卫星等，这些各具特色的小天体形成独立章节，章节标题大多含有“碎片”、“外来者”和“流浪者”之类的词汇。太阳系天体的重新分类，从70年代末持续至80年代。人们逐渐认识到冥王星完全不同于太阳系内的其他行星。

1978年，天文学家首次发现冥卫一。冥王星支持者由此强调，只有行星才会拥有卫星，所以冥王星不同于小行星和彗星。然而，水星和金星也没有卫星，却没人认为该将它们重新分类。可见，行星没有自己的卫星，并不会使它失去自己的行星地位。那么，若一个天体有了自己的卫星，它不是行星还能是什么呢？就连默林（Merlin，在关于宇宙问答的两本书中我给自己起的笔名）也非常重视这一特点：

亲爱的默林：

冥王星是什么？是行星、小行星，还是彗星？若它被降级成小行星会怎样？

罗伊·克劳斯 (Roy Krause)

肖空军基地，美国南卡罗来纳州

默林发现，这些年来人们尤其希望把冥王星降级到“小一些”的等级。

但冥王星的体积比最大的小行星谷神星大2倍，比最大的彗星大50倍。考虑到冥王星有一颗属于自己的卫星，它理所应当赢得默林投给它的一票，拥有“行星”的身份。[2]

冥王星的支持者紧紧抓住冥王星有自己的卫星这一直接证据，力挺冥王星为行星。是否有自己的卫星这个判别标准，或多或少属于即兴发挥。不过，这也给他们自己带来了隐患——如果我们哪天发现了一颗拥有自己的卫星的小行星，到那时又该怎么办？这一两难境地揭示了科学上的真理：如果你用来证明某一事件的判据是临时提出的，就要承担未知的风险，因为将来新的科学发现有可能推翻这一判据。

2. 尼尔·德格拉斯·泰森：《默林的宇宙之旅：巡天者的遨游指南，带你走近各类天体，从火星与类星体，到彗星、行星、蓝月亮，以及狼人》，纽约，主街书店，1997年，62页。

图4.1

小行星艾达的图像，1993年当“伽利略号”探测器抵达距该小行星最近点前14分钟时拍摄。艾达的小卫星在其右侧，以很短的轨道半径环绕艾达运行。艾达长约30英里(约48.3千米)，呈不规则形状，像个土豆。显然，艾达是一颗小行星，而且拥有一颗卫星。这推翻了自1978年冥王星卫星冥卫一发现后，冥王星支持者认可的、用卫星来判别行星的标准(美国国家航空航天局喷气推进实验室太阳系图集)

果不其然，“伽利略号”探测器在飞往土星途中，恰好拍下了小行星艾达的照片。1994年2月17日，安·哈奇(Ann Harch)通过数据分析，发现艾达有一颗环绕它的小卫星，直径约为1.4千米，后来这颗小卫星的英文名被确定为Dactyl(艾卫)。艾达小行星的形状与爱达荷州出产的土豆相似，长约30英里(约48.3千米)，宽约12英里(约19.3千米)(图4.1)。毫无疑问它是一颗小行星。从艾卫被发现后，对更多小行星的详细观测表明，小行星拥有自己的卫星实属平常。况且，有些小行星根本就不坚固。它们大多由一些碎石块松散地聚合在一起，有的大小与艾卫相近，完全动摇了卫星这一概念。

2.
汤博的坚守

世界上的科学家可以分为两类：发现了事物的共性并研究它们不同之处的科学家，和发现了事物的差别并研究它们相似之处的科学家。为实现对物质世界的深入理解，往往需要这两大阵营间维持一种可调和的紧张状态。即使在20世纪80年代人们对太阳系天体的认识发生改变以后，冥王星仍被公认为行星。不过，行星地质学家们私下都承认，冥王星的许多性质与彗星和小行星相似。

新的太阳系教学方式不仅影响了冥王星，其他行星也受到影响而被分类。水星、金星、地球和火星，因体积小，密度大，主要由岩石组成，而被归为类地行星。木星、土星、天王星和海王星，因体积大，密度小，有行星环，自转速度快，主要由气体组成，而被归为类木行星。此外，在“天文学101”[3]课程的教材中，还增添了有关宇宙大爆炸、星系形成、星系碰撞、黑洞、恒星演化，以及搜寻外

3.“天文学101”，美国大学为非理科生开设的天文学课程。——编者注

星生命等方面的发现。

天体物理学家群体，主要是行星科学家，已经改变了对太阳系组成的看法。当然，土星与木星很不相同，地球与金星差别也很大。但是，地球与金星之间的共同点，要远远多于地球（或金星）与木星（或土星）之间的共同点。同样，木星与土星之间的共同点，要远远多于它们（或类地行星）与冥王星之间的共同点。冥王星的大小、轨道和物质组成等特征不同于其他行星，由此可以让它独自成为一类吗？不行。根据天体分类的要求，至少要有两个以上的相似天体，才能成为一类，否则就只能为这颗不同寻常的天体另谋出路。

的确，冥王星从某种意义上不属于任何类别。但这种情形很快会发生改变。

1992年，夏威夷大学的天体物理学家戴维·朱伊特（David Jewitt）和他的研究生刘丽杏（Jane Luu），利用2.2米莫纳克亚光学望远镜发现了一个冰质天体，编号为1992 QB1[4]。该天体绕太阳运行，运行轨道位于海王星外

4.国际天文学联合会规定了一套官方编号方式，在正式命名天体前为太阳系新发现的天体编号。前四位数字（1992）代表发现年份。第一个字母（Q）代表发现该天体的那个半月：从26个英文字母中略掉I和Z，还剩24个，它们按顺序分别代表一年中的24个半月。后一个字母（B）代表该天体是这半个月内发现的第几个：将26个英文字母略掉I，还剩25个字母，用它们来表示这半个月内可能发现的25个天体。但如今，半个月内新发现天体的数目超过25个实属平常，这就要添加一个数字1，然后重新按25个字母的顺序标记（此时A代表第26个，B代表第27个，以此类推）。由此，1992 QB1是指1992年9月前半个月发现的第27个天体。

侧。这一区域正是40年前芝加哥大学的行星天文学家杰勒德·柯伊伯（Gerard Kuiper）[5]提出的假说中，这一类天体所在的区域。

要观测太阳系内的天体，最大的困难在于它们自身不发光。太阳系内最边缘的天体离我们十分遥远，太阳发出的光抵达它们那里时已十分微弱。微弱的太阳光还要经其表面反射再返回内太阳系后，才能到达地球上的望远镜。由此看来，天体表面能否反光对于观测就显得十分重要了。在太阳系内遥远而寒冷的区域，纯净的冰面可以满足这一观测要求。然而，我们不知道1992 QB1到底是由什么物质组成的。我们只知道，它在海王星外侧的轨道上绕太阳运动，体积很小，可能只有冥王星体积的1/5。1992 QB1并不会威胁到冥王星对邻近区域的主导地位，但这一发现足以让人称奇。

朱伊特和刘丽杏接着寻找新的天体，并如愿在该区域找到了更多这样的天体。新发现的天体一个接一个，它们的运行轨道平面相对于太阳系的黄道面都有一定夹角。有些天体的轨道与冥王星一样为大椭圆形，与海王星的运行轨道存在交叉。这一类天体家族逐渐壮大，占据了太阳系中的新区域——一条围绕太阳运行的细长的带状区域，该区域很像火星与木星间的小行星带。

5.杰勒德·柯伊伯，荷兰裔美籍天文学家。他认为，在海王星轨道之外可能存在着一个带状的区域，那里有一个彗星的“社区”，大量冰质彗星呈带状分布着。——译者注

杰勒德·柯伊伯曾提出过这个观点：在太阳系（也可能在任何恒星系统）最外面的行星外侧，存在一个环绕着恒星运行的特殊带状区域，其中充满了运行缓慢的碎片和残骸，它们是在太阳系形成期内未能聚合成行星，也没能被行星引力清除的碎片。而从水星到海王星，这几颗行星的轨道上都没有这样的碎片。地球每天都要在众多流星（它们的质量加在一起可达上百吨）的撞击中行进，这就是我们晚上看到有星星划过夜空的原因。尽管如此，与飘浮在外太阳系的海量天体相比，这样的流星规模还是微不足道。由此可以想象，外太阳系的行星，究竟需要清理掉多少天体碎片。而一旦越过海王星，就不再有大质量的行星了，取而代之的是数量庞大的天体碎片，它们在广阔的太空中运行在各自的轨道上。

在距太阳50亿英里（约80.5亿千米）的深空，温度降到了-400华氏度（约-240摄氏度）以下，且恒定不变。许多在太阳附近会蒸发的物质，如水、二氧化碳、氨和甲烷，在这种低温下可以永久冰冻起来，成为固态物质的基本组成成分。在朱伊特和刘丽杏发现1992 QB1之后的几年中，人们陆续发现了更多这样的天体，足以证明太阳系内存在一条由冰质天体组成的柯伊伯带。鉴于已发现天体的分布规模和发现这些天体的速度，天体物理学家认为，还存在着成千上万的柯伊伯带天体，发现它们并将它们分类只是个时间问题。这不禁让我们感到困惑，如果有一天在这一区域发现了比冥王星还大的天体，我们该怎么办？难道只是因为冥王星是行星，就要把那个天体也称为行星吗？或者是借此机会，给包括冥王星在内的这个新的天体类型重新命名？

20世纪90年代初，克莱德·汤博仍健在时，就已明白柯伊伯带将带来的影响，但仍竭尽全力地攻击柯伊伯带的天体。他手握拐杖，不仅把拐杖当成辅助行走的工具，更用它来强调他那些咄咄逼人的观点。若冥王星被降级，不再是一颗彻底的、毋庸置疑的行星，汤博失去的将是最多的。1994年12月，汤博在写给《天空与望远镜》杂志编辑的一封信上这样说：[6]

> 太阳系外缘那些小的“冰球”令我十分着迷。我常常想，那些东西究竟是什么？这些“冰球”的亮度，比我在洛厄尔天文台拍摄的冥王星照相底片所记录的最低亮度还要低17星等。我斗胆建议，给这些新的天体类型取名为“柯伊伯小天体”。

汤博从未想过柯伊伯带会存在比冥王星更大的天体[7]，所以无意中把冥王星也划到了柯伊伯小天体的行列中。

6. 克莱德·汤博：《定论》，写给编辑的信，载《天空与望远镜》，1994年12月，8页。
7. 2005年，天文学家在柯伊伯带发现了天体阋神星，并认为其大小超过了冥王星。但此后天文学家通过分析，证明冥王星为柯伊伯带中体积最大的天体，但其质量没有阋神星大。——编者注

显然，汤博被那些要求对确立已久的天体分类规则进行重新修订的言论弄得垂头丧气，于是开始攻击将过去的概念引入现代的其他天文学惯例，如神秘而悠久的恒星光谱分类系统：

> 我们在考虑对天文学相关内容重新分类时，是否也应考虑修改一下赫罗图，把恒星的光谱类型按字母顺序排列？不，完全没必要。因为这样做会破坏大型的恒星光谱表。要不，我们废除那些奇怪的星座系统吧？这也不行，因为这会破坏我们美丽的神话传说。

汤博一边深入阐述自己的观点，一边举起了拐杖：

> 冥王星作为太阳系第九大行星为人们所熟知，它成功验证了珀西瓦尔·洛厄尔对X行星的预测。我们还是简单一点儿，保留冥王星的九大行星之一的身份吧。毕竟，已经不存在X行星了。我历时14年，对2/3的天区进行了梳理，逐一排查了所有天体，其中最暗的天体为17星等。即便如此，我也没有发现其他行星。我已经对这一问题进行过彻底的、准确的调查。冥王星是最后一颗我们可以找到的大行星。
>
> 克莱德·汤博
>
> 美国新墨西哥州梅西亚帕克

谁敢与这位耄耋之年的冥王星发现者叫板？

与保罗·里维尔（Paul Revere）[8]、约翰·亨利（John Henry）[9]、保罗·班扬（Paul Bunyan）[10]和戴维·克洛克特（Davy Crockett）[11]等人们心目中的英雄一样，克莱德·汤博的名字被写入歌词，广为传唱。题为《X行星》的歌曲由纽约歌手兼作曲家克里斯蒂娜·拉文（Christine Lavin）于1996年创作，歌曲节奏欢快。从汤博通过不懈努力发现冥王星之前讲起，讲到汤博对冥王星行星地位的守护，歌曲介绍了冥王星的历史：

冥王星绕日一周

足足需要247年

尽管又小又冰冷

但它是所有天体中

汤博最喜欢的一个

汤博90岁了，但每日仍辛勤劳动

在新墨西哥州拉斯克鲁塞斯的土地上

坚持为他最爱的冥王星

8.保罗·里维尔，美国独立宣言签署人之一。——译者注

9.约翰·亨利，美国民谣和传奇故事中的英雄人物，一个身高体壮的黑人钢钻工，代表着人类在与日渐强大的机器拼搏中永不言弃的精神。——译者注

10.保罗·班扬，美国民间传说中的伐木巨人，聪明机智，拥有超人般的力量和敏捷的身手。——译者注

11.戴维·克洛克特，美国政治家和战斗英雄。——译者注

守护行星的头衔

拉文创作的这首有119行歌词的歌曲，为民谣-说唱风格，包括了迪士尼公司对布鲁托的宣传：

1930年同年，华特迪士尼公司
首次推出了它们的布鲁托
这是一条与地狱之神同名的卡通狗
这可不是迪士尼原有的风格哦

歌词中也有一些让星象迷们不舒服的地方：

天蝎座的人沮丧地望着天空
因为冥王星是他们星座的主宰
现在每天看看他们的星座运势
也是在浪费时间吗？

歌词中还提到了对此感同身受的（已非圣徒的）圣克里斯托弗（St. Christopher）[12]：

12.圣克里斯托弗，传说中辛勤的摆渡人。由于同情一位少年的遭遇，克里斯托弗历尽艰辛背少年过河。这个少年正是耶稣，克里斯托弗因此成为了圣徒。20世纪后期圣克里斯托弗被从圣徒名单上除名。——译者注

圣克里斯托弗俯视着这一切

说:“冥王星，我能理解你

当我被从圣徒名单上除名时

小家伙，我告诉你

那滋味真的不好受”

1996年3月4日，拉文读了《今日美国报》编辑萨尔·鲁伊瓦尔（Sal Ruibal）发表的关于冥王星的文章，有感而发创作了这首歌。

1997年1月17日，距他90岁的生日1997年2月4日不过短短几周，克莱德·汤博去世。汤博是支持冥王星作为行星的领军人物，但他并不是孤军作战。在他身后还有许多对冥王星感兴趣的专业研究人员在支持他，并盼望着有朝一日向冥王星发射探测器。到20世纪90年代，人类已向太阳系内除冥王星外的所有行星发射了探测器。一些航天任务小组为游说美国国会发射飞往冥王星的探测器，写了很多吸引眼球的标语，如“飞往最后一颗行星的首次任务”。该标语暗含三层意思:（1）“行星”的概念真实而强烈，（2）冥王星是一颗行星，（3）一旦航天器飞到冥王星，我们对行星的探索任务就圆满了。当然，这些话的前提是，冥王星应该是一颗行星。此外，即使不明说，如果冥王星被降级成“冰质天体”或其他低于行星级别的天体，那么这将会危及对探测冥王星的大型任务的资金支持。为什么会这样呢？因为冥王星如果只是个“冰球”，天体物理学家只需要研究飞到地球附近的彗星，而无需飞越40亿英里（约64.4亿千米）抵达外太阳系，这样还可以给美国纳税人节约一大笔钱。

杰勒德·柯伊伯是第一个提出将冥王星降级的人，但他最初的理由在今天看来已不值一提。1956年2月20日，《时代》周刊科技版发表了题为《被降级的行星》的预言文章。[13]编辑在开篇直截了当地指出：“天文学家还无法确定冥王星的实际地位……”。然后，编辑列举了一些公认的（也是奇怪的）特点，把冥王星与其他行星区别开来，并以“这些偏差说明冥王星可能并不是一颗真正的行星”作为第一段落的结尾。接着，文章指出了柯伊伯提出的将冥王星降级的其他一些理由，在现在看来这些理由并不充分：

> 上周，芝加哥大学的天文学家杰勒德·彼得·柯伊伯又采取行动推进冥王星降级。最近对冥王星的观测表明，它的自转周期超过6个地球日。柯伊伯认为，这一自转周期对行星来说太长了。

当时，柯伊伯还不知道（其他人也不知道），地球的“姊妹星”金星的自转周期长达243天，比金星的公转周期还要长18天。换句话说，金星上的一天比金星上的一年还

13.《被降级的行星》，载《时代》周刊，1956年2月20日。

要长，即便如此，也没人想过要把金星降级。水星上的一天也很长，约为一个水星年的2/3。这就是对天体进行分类判别时需要面对的风险：在分类时，要保证你已经遴选出了这个天体的基本特点，而且这些基本特点要永远成立。

3.
布展中的困惑

我曾给美国自然博物馆的理事们就改建海登天文馆的计划提过建议。在持续提了一年建议后，我被任命为海登天文馆代理馆长。又过了一年，1996年5月，博物馆馆长埃伦·富特（Ellen Futter）和教务长迈克尔·诺瓦切克（Michael Novacek，研究恐龙的古生物学家）正式任命我为新设职位的首位任职人员，我由此也成为海登天文馆第九任馆长。从上班第一天开始，我最重要的任务就是履行罗斯地球与空间中心的首席科学家的职责。该中心耗资2.3亿美元，以纽约房地产大亨、博物馆理事会成员弗雷德里克·罗斯和他的妻子桑德拉·罗斯的名字命名。他们两人是博物馆的主要出资人，也是我的这个学术职位的捐资人。构思新颖、设备齐全的海登天文馆将作为一座大型博物馆中宇宙展馆的组成部分，设在这座新建的罗斯中心内。

四个重要的实体机构负责完成罗斯中心的外观设计、

感官设计和内容设计：(1)建筑公司——波尔舍克建筑事务所[14]；(2)展馆设计公司——拉尔夫·阿佩尔鲍姆展示设计公司[15]，美国首都华盛顿特区著名的大屠杀纪念馆的设计机构；(3)科学咨询委员会，我担任委员会主席，其他科学家委员包括詹姆斯·斯韦策(James Sweitzer，芝加哥大学天体物理学家，后成为教育专家)、弗兰克·萨默斯(Frank Summers，普林斯顿大学宇宙学家)、史蒂文·索特尔(行星科学家，毕业于康奈尔大学)、查尔斯·刘(Charles Liu，哥伦比亚大学银河系形成与演化研究专家)，以及许多来自其他机构的同行，他们在天体物理学分支学科的研究领域，都是本天文馆工作人员所不涉及的领域；(4)由天体物理学领域的艺术家丹尼斯·戴维森(Dennis Davidson)带领的科学可视化专家团队。

以前，人们参观天文馆大多是为了看天象节目。在等待节目开始前的闲暇时间里，人们会浏览走廊两侧的展览以消磨时间。然而，到了20世纪末，天体物理学家搜集到的宇宙相关资料，已经远远超出一部天象节目所能承载的内容。因此，我们的任务不仅是翻新现有设备，而且是要开创全新的展览内容。既要采用最先进的技术进行设计开

14. 波尔舍克建筑事务所，纽约建筑公司，由哥伦比亚大学建筑系主任詹姆斯·期图尔特·波尔舍克创建。——译者注

15. 拉尔夫·阿佩尔鲍姆展示设计公司，世界著名的大型博物馆设计公司，成功设计了许多知名场馆，包括美国大屠杀纪念馆、美国新闻博物馆等。公司创建者拉尔夫·阿佩尔鲍姆是美国杰出展览设计师。——译者注

发，来呈现我们新打造的太空节目，又要营建独一无二、引人注目的建筑物，来呈现巨大的三维宇宙展览，这样我们就可以用宏大的场景来讲述宇宙的故事。

1995年1月，罗斯中心的基础建筑设计方案被写入政府文件。按照该方案，一个直径87英尺（约26.5米）的巨大球体将被建成，球体的上半部分为天文馆的太空剧场，下半部分的另一个剧场中有一个特别设计的体验行程，重现宇宙大爆炸的场景。整个球体靠球体侧面的支架支撑，看起来就像悬浮在下方延展的宇宙大厅之上。这是一座与众不同的立方体玻璃建筑，从街上经过时就可以将建筑内部构造看得一清二楚。接下来的2年时间里，我们确立了建筑设计与展览内容相互关联的思路。1997年1月，我们开始了为期3年的整体重建。在此期间，我们将注意力聚焦于展览的文本内容和其他细节上。鉴于球体在宇宙中普遍存在，我们在设计之初就明确，海登天文馆的球体外观不仅仅是一个外壳，更是展览中的关键元素。

在设计展览内容前，我们先要评估各种天体物理知识有效存续时间的长短。例如，从哥白尼时代开始，人们就已经确信地球绕着太阳转，而不是按其他方式运行。我们可以确保这个结论在很长时间内不会被推翻，有效存续时间会较长，因此可以大胆地把这些知识刻在金属展板上。

再比如，火星上是否有水？这个问题的有效存续时间就属于中等长度。按过去的认识，火星上曾经的液态水如今被冰封在永久的冻土层中。但美国国家航空航天局向这颗红色星球派遣的任何一个新探测器的发现，都有可能改变这个认识。因此，对这类知识的文字和图片，我们就采用可以更换的透明展板来展现。有效存续时间较短的科学知识，包括最新的科学发现、有趣的理论假设，以及有待验证的内容，有可能因另一个研究团队的不同的发现或更合理的理论而被证实或被推翻。对这些内容，我们只播放研究者阐述自己新想法的视频。不用透明展板，也不用金属切削加工工艺，只用一些可切换的视频来展示。一个展项的主题在三类知识中所属的类别，决定了它的展示方式，实际上也就确定了我们制作该展项所需的费用。

1997年11月，我们从美国史密森学会全国航空航天博物馆[16]聘来了史蒂文·索特尔。在索特尔履历中包含这样的内容：他与卡尔·萨根和安·德鲁扬（Ann Druyan）共同编写了美国公共广播公司出品的著名系列纪录片《宇宙》。史蒂文入职几个月后，给我看了《大西洋》月刊在1998年2月刊发的一篇关于冥王星的文章，题为《一颗行星何时会被踢出行星之列？》，由记者戴维·弗里德曼（David H. Freedman）撰写。史蒂文在文章上方空白处客气地标注："我们可能需要看看这篇文章！"他认为，这篇文章提出的

16. 美国史密森学会全国航空航天博物馆，世界著名的航空航天博物馆。展馆中陈列着有历史价值的飞机、火箭、导弹、宇宙飞船，以及飞行员、宇航员用品。——译者注

图4.2

夜幕下的罗斯地球与空间中心，海登天文馆的球形建筑被包裹在内。这座耗资2.3亿美元的建筑于2000年2月19日（星期六）对外开放。在关于太阳系的展览中，冥王星与位于外太阳系柯伊伯带的众多冰质天体放在了一起，而没有与太阳系其他八大行星一起展示。这一展示方式引来了《纽约时报》的头版报道，进而引起了学生们的不满

问题将影响我们正在设计的行星展览内容——他的这个想法是对的。

我决定就这个话题写一篇文章。该文于1999年2月发表在《博物学》杂志上，题为《冥王星的荣耀》。[17]当时，恰逢在超长轨道上运行的冥王星时隔20年后又一次与海王星的运行轨道交叉，再次成为太阳系内最远的行星。我这样做的目的，不仅是庆祝冥王星再次获得最遥远行星的地位，

17.尼尔·德格拉斯·泰森：《冥王星的荣耀》，载《博物学》，108（1），1999年2月，82页。

同时也是为了回顾冥王星的往事和特征。文章提到，冥王星与作为小行星的谷神星在历史上具有很多相似性——谷神星在1801年被发现后曾被认定为行星；文章还描述了行星科学家正在纠结的问题。列举了各类参数和争议后，在文末，我抒发了对冥王星这个太阳系小个子行星最后的伤感：

> 作为一位公民，为冥王星争取它应有的荣耀，是我必须要做的事情。它深深地扎根于20世纪的文化和观念中。从某种意义上讲，冥王星就像我们大家族中一个调皮惹事的小成员，它的到来使行星家族变得丰富多彩。几乎所有学生都把冥王星视为自己的老朋友。而且，作为第九大行星所对应的数字9也很有诗意。

但是，我也没有隐藏我的重要结论：

> 作为一位科学家，我不得不怀着沉重的心情为支持冥王星降级投上一票。冥王星一直是个很难理解的天体。但我敢打赌，冥王星现在一定很快乐。因为它从原来大行星行列中的小不点儿，变成了柯伊伯带中毋庸置疑的王者。如今，冥王星是柯伊伯带这个小天体阵营中的“大哥大”了。

同时需要强调的是，这只是我的个人观点，我从未企图把我的观点强加在罗斯中心的冥王星布展里。那样做既不专业，也不负责任，会让人觉得我滥用了首席科学家的职权。我们对冥王星的处理方式如果有任何不合常规的地方，就需要科学委员会中的馆内成员和馆外成员达成共识。一方面，行星问题并非我的研究专长，我主要研究的是恒星的形成和银河系的演化。另一方面，提出新的天体分类体系也不是我的职责所在。

文章发表后，很多人给我和杂志社写信。其中令人印象最深刻的一封信，上面印着"冥王星行星身份保护协会"的抬头，来信人是该协会创始人兼会长、霍夫斯特拉大学（位于纽约长岛）教授朱利安·凯恩（Julian Kane）。凯恩巧妙地引用了我的文章中"沉重的心情"这句话，在信件结尾这样写道：

> 泰森教授怀着沉重的心情告诉我们，他不得不支持冥王星降级。而凯恩教授却要在更多真实细节正渐渐被揭开的情况下，激动不已地坚定支持冥王星留在行星行列。

与此同时，并非只有我们博物馆的员工认为外太阳系的天体分类存在问题，国际天文学联合会也有同样的想法。国际天文学联合会成立于1919年，有一万多名会员，是全世界天体物理学家的专业协会，致力于“通过国际合作，推动并保障天文学发展”。国际天文学联合会的任务之一就是建立专业委员会，为达成共识组织一些学术交流活动，从而规范不时出现的、易混淆的命名法和专业词汇。国际天文学联合会的权威并非来自法律和道德，而是基于最新的科学共识。联合会并没有对冥王星和柯伊伯带的反常关系无动于衷，而是决定调查清楚。媒体（以及天体物理学界的许多人）将国际天文学联合会的这种既简单又十分平常的做法视为急于将冥王星降级。行星科学界的许多科学家则愤怒不已，担心调查组中的冥王星支持者们没有全面调查行星科学家的观点。

十分巧合的是，就在《博物学》杂志刊登我关于冥王星的文章当月，国际天文学联合会秘书长约翰尼斯·安德森（Johannes Andersen）发布了新闻稿。[18]新闻稿中的内容直白却生硬冗长，对所有有关国际天文学联合会支持冥王星降级计划的谣言都予以否认。稿件的全文如下：

关于冥王星地位的澄清声明

近期有谣传称，国际天文学联合会有意动摇冥王星的太阳系第九大行星地位，相关新闻报道有很多。然而，这些基于联合会讨论的主题和决策流程的报道，有

18.国际天文学联合会：由秘书长发布的01/99新闻稿，1999年2月3日。

的断章取义，有的则含有可能误导大众的信息。

国际天文学联合会对不实报道所引发的大规模公众担忧表示遗憾，并发布以下更正和澄清声明：

1.国际天文学联合会中所有负责太阳系科学的部门、委员会或工作组，均未提出过将改变冥王星的太阳系第九大行星地位的建议。同样，国际天文学联合会的政策制定机构，包括执行委员会和行政管理人员，也从未提出过上述建议。

2.最近，在外太阳系、海王星的外侧发现了一系列小天体。它们的轨道及其他一些性质可能与冥王星类似。曾经有天文学家建议，在专业分类目录中将冥王星划入"海王星外天体"，以便对此类天体的相关观测和计算进行整理。这一做法显然不会改变冥王星的行星地位。

国际天文学联合会行星系统科学部下属的工作组正在对海王星外天体的编号体系进行专业讨论。

我们正在考虑怎样根据天体的物理特性对行星进行分类，但这仍在讨论中，要一段时间后才能有结果。

该科学部的小天体命名委员会已经做出决定，反对用小行星编号体系对冥王星进行编号。

3.国际天文学联合会一直致力于解决影响其他学科乃至公众的相关天文问题，并给出合理建议。我们提出的解决方案或建议，并非由国家法律或国际法强制执行，而是因它们在实际应用中的合理性和有效性而被接受。因此，国际天文学联合会的指导方针是，要依据广为人知的科学事实，在相关群体取得共识的情况下，为公众提供合理的推荐意见。因此，改变冥王星行星地位的决定并不符合这一方针，故而无效，也毫无意义。所有关于冥王星地位将会改变的看法，是由于对上述内容的理解不够全面而产生的。

国际天文学联合会的任务是推动天文学的发展。其中重要的步骤就是建立讨论科学事务的国际论坛。若未得到以上标准的验证，这些讨论的结果就不会成为国际天文学联合会的正式方针政策。只有经过国际科学组织的全面讨论，国际天文学联合会下设职能部门才能提出相应的方针和决策。

约翰尼斯·安德森

国际天文学联合会秘书长

如果安德森只是希望消除媒体的误解，那他根本无需发表这样的长篇大论。这篇新闻稿看起来更像出自律师之手，而非科学家所为。从通篇文章的语气和过度辩护的态度来看，我认为秘书长先生的辩解太过夸张了，这无形中暴露了他内心世界的风起云涌。

4.
巅峰坠落

鉴于在展览设计和展项内容布置上已经投入的资金（再加上后期费用）数额巨大，我们有责任保证，不对任何有关天体物理学的问题做出草率的决定。我们需要竭尽所能、各司其职，把握宇宙发现的新趋势，尽可能保持开放后展览的时效性。因此，我组织并主持了冥王星地位的专题讨论会，邀请该领域的杰出思想家上台演说，充分发表观点，探讨冥王星地位问题。这样做不仅对博物馆有益，也对感兴趣的公众负责。

在1999年5月24日，星期一的晚上，800多人聚集在美国自然博物馆的大礼堂（参加人数达到了巨幕影院席位数的2倍），拉开了这场“冥王星保卫战：太阳系最小行星分类问题的专家辩论会”。不会有谁比以下5位与会科学家更专业了：

◎ 迈克尔·埃亨（Michael A'Hearn），马里兰大学（位于美国马里兰州科利奇帕克）的彗星和小行星专家，国际天文学联合会行星系统科学部主任，国际天文学联合会小天体命名委员会主任。

◎ 戴维·利维（David H. Levy），全球业余天文学家的代表，独立并与人合作发现的彗星和小行星达数十颗，曾为冥王星的发现者克莱德·汤博撰写传记。

◎ 刘丽杏，荷兰莱顿大学教授，与他人共同发现了许多柯伊伯带小天体，其中包括该带首颗被发现的天体。

◎ 布赖恩·马斯登（Brian Marsden），哈佛-史密森天体物理学中心的彗星和小行星专家，国际天文学联合会小行星中心和中央天文电报局主管。中央天文电报局是暂现天文现象与天文新发现的信息交流中心。

◎ 艾伦·斯特恩（图3.5），就职于位于美国科罗拉多州博尔德的西南研究院（后来他成为美国国家航空航天局首席科学助理），主要研究太阳系内的所有小天体。著有《冥王星与冥卫一：太阳系凌乱边缘的冰冻世界》。他是美国国家航空航天局“新视野号”任务的首席科学家，该任务的目标是探索冥王星与柯伊伯带的奥秘。

毫无疑问，他们是能为我们深入分析冥王星问题的科学家。他们是我们在正确的时间、正确的地点遇到的正确的人。

首先，我简要回顾了当今天文学研究与学科教育中面临的挑战。随后在开始讨论前，每位与会者都做了开场发言。此后90分钟的专题讨论中，埃亨展现出冥王星理性主义者的公事公办。他认为，如果从研究球状天体内部运作机制的角度来说，冥王星可以被称为行星，但如果从冥王星起源的角度来说，冥王星只能被称为柯伊伯带天体。利维则毫不掩饰地表达了他对科学、天文学，以及冥王星的伤感。刘丽杏则能言善辩，自信十足，而且是最年轻的与会者。她公正而心平气和地提出，冥王星应该被降级并被开除，并对在她看来老套且毫不相关的问题表示出极度的厌恶。马斯登带有浓重的英国口音，是一位风趣幽默、平易近人的学者，他支持多体系分类方式。斯特恩认为冥王星应该属于行星。他既考虑到物理规律，又照顾到了小学生对冥王星的喜爱之情。尽管我早就在文章中表达了自己的倾向，但在那一晚，我仍发自内心地包容各方的观点，努力做一个公正的裁判。

刘丽杏跳过了例行程序，直接开始阐述她的观点：

> 当我和朱伊特发现了柯伊伯带，并证明冥王星也是其中一员时，我们都很高兴…… 但后来我发现，我们的研究成果引发了一些令很多人困扰的问题：冥王星真的是一颗行星吗？许多科学家认为，鉴于冥王星的体积很小，而且它与很多小天体十分相似，冥王星应该属于彗星或小行星一类的小天体。另一些人则对上述观点愤怒不已，认为即便冥王星不符合行星的标准，也不应该被降级，否则天文学史将会蒙羞，公众也会感到困惑。
>
> 我个人不在乎这些言论。冥王星就是冥王星，不会因为你怎么称呼它而有所改变。

如果这些表述还不够充分，那么刘丽杏下面的话则在科学和情感之间划出了明确的界限：

> 今后，人们如果还把冥王星视为太阳系第九大行星，那只能是出于传统或情感方面的原因。人们喜爱行星家族，因为行星的概念可以使人们联想到家园、生命和其他快乐、美好的事情。而且，天文学家也希望找到更多的行星，不想错过任何一颗。因此，问题最后回到一点：科学究竟应该成为一种民主进程，还是应该基于逻辑？

就像我在本书前文中所提到的，她也向观众提起，谷神星发现之初，人们认为它是一颗被遗漏的行星（像冥王星一样），但随后人们很快发现了其他小行星，天文学家才意识到，在太阳系新发现的区域——小行星带中有一类新型天体，谷神星只是其中最大的一颗，因此“它立即失去了行星地位”。所以她主张，若在冥王星之后还发现了柯伊伯带中的其他天体，也应该立即将冥王星剔除出行星行列。

刘丽杏在发言最后提出了一个显而易见的问题：

> 我们还在继续搜寻柯伊伯带天体，这一探索过程十分顺利。如果我们找到了与冥王星体积相当，甚至可能比冥王星还大，也可能只是稍小一点儿的天体，那么我们也要把这样的天体称为行星吗？不然，我们该叫它们什么？

她的演讲毫不示弱，语气坚定，观众都很喜欢她。

下一位发言者是艾伦·斯特恩，他的观点与刘丽杏完全相反，不过他比刘丽杏更希望妥协，语气更温和。和刘丽杏一样，他也认为冥王星的行星地位不应成为通过民主方式解决的问题。同样，他（以及其他与会者）也像刘丽杏那样，想到一个聪明的类比方法。刘丽杏已经指出，冥王星的问题只是出在专业词汇的命名有误上，就像美国原住民一开始被称为“印第安人”，是由于“哥伦布（Columbus）犯了一个错误”，以为自己到的地方是印度。可我们现在知道，美国原住民并非印度次大陆的土著。通过类比，斯特恩认为，由于冥王星的体积小而产生的所谓的问题可以参考宠物犬吉娃娃。就像没人认为吉娃娃因为个头小就不算狗——吉娃娃的内在本质存在一些“狗的特征”，所以人们把它归入犬科。以此类推，冥王星是球体，所以它应位居行星之列。

斯特恩向观众展示了“理性的筛子”——希望通过限定大小极值来定义行星，而这正是国际天文学联合会刻意避免的。“理性的筛子”是一种物理方法，任何人都可以选择一个天体，既可以是已发现的，也可以是尚未发现的。方法很简单，天体的大小有上限和下限，达到上限时，天体将像恒星一样，其内部的氢会发生核聚变反应。而在下限时，根据流体静力平衡原理，天体质量不足以使天体形成球体。这种情况常发生在质量为冥王星一半的天体中，这些天体不能被称为行星。在上限和下限之间的天体都可以被视为某类行星，即使它们绕着另一颗行星运转，而没有绕着恒星运转，我们仍然可以把它们称为类行星天体。

这个观点很清晰，甚至很有说服力。不过，尽管斯特恩表示反对用民主方式来捍卫冥王星的地位，但他解决问题所依靠的还是一种民主诉求——公众认知的说服力：

> 我认为我最爱的女儿，正在上五年级的萨拉(Sarah)提出的测试应该是最好的方案。这一测试可以称为“废话测试”……就像最高法院定义的色情作品这个概念。你让我说行星的定义，我未必说得清楚，但一看到它我就能确定它是不是行星。同样，给一个五年级小学生看冥王星照片，然后问他这是不是行星，他一定会说：“废话。”

马斯登在天体分类方面的知识十分渊博，并乐于接受在场每位发言者的意见。他将冥王星及其邻居归类在海王星外的柯伊伯带天体中，但他认为冥王星完全可以拥有双重身份，既可以作为九大行星之一的大行星，又可作为小行星，就像一些小天体既被归类为彗星，又被归类为小行星一样。他一度希望官方可以认定冥王星是第10,000颗小行星。这样，它就不会被当成“一个在火星与木星之间的可怜小家伙”[19]，而会被赋予一个“美好且毫无争议的名字”——莫瑞奥斯特斯（Myriostos），即希腊语中的一万。可以说他的努力已经失败——如果这算得上一次努力的话。只要那颗大到足以成为球体的天体——谷神星，与冥王星有相同的待遇，那么他现在愿意接受所有的观点。

下一位发言者是埃亨。他同意马斯登的看法，认为冥王星可以有双重身份。他的发言独具特色且极为严谨：

> 我们为什么要纠结冥王星的分类？它属于行星、小行星，或是其他类别又有什么关系？天文学，甚至其他学科中为什么要有分类？为什么一定要区分人类和黑猩猩呢？
>
> 分类的目的是希望找出同类的共同点，据此可以帮助我们了解事物是怎样运作的，了解它们是如何形成的。因此，确定冥王星的分类只是为了帮助我们理解它的运动和演化。如果你想了解这个实心天体内部的反应机制，就应该把它归入行星。如果你想知道这些天体为何处于太阳系中它目前所在的位置，那么毋庸置疑，冥王星来到它目前位置的方式和那一大群海王星外的天体一模一样…… 因此，如果你关心这个问题，就应该把冥王星归入海王星外天体。这也就是说，我们可以对冥王

19. 这里指位于火星与木星之间的小行星带中的小行星。——编者注

星采用双重分类标准。

不过，埃亨的发言也有令人耳目一新的地方。将冥王星视为海王星外天体，等于将它定位于彗星发源的区域，也就等于将问题归结到国际天文学联合会如何区分彗星和小行星这个问题上。换句话说，如果你在天体外侧看到一圈模糊的东西，那这个天体一定有大气层。像其他冰质天体一样，冥王星只有在经过近日点时才有大气层，因为它在轨道靠近太阳（尽管离太阳依旧很远）的那几年，才会感受到太阳的热量。于是，他总结道："我想答案已经很明显，我们可以称它为汤博彗星。"现场的观众非常喜欢他的观点。

最后一位上场的是利维。他提到了汤博的英雄气概及其贡献，提到了小学生对冥王星的喜爱；他还动情地讲述了小时候父亲在餐桌上给他讲的宇宙新发现的故事；他也谈到了分类学家的无能——他儿时知道的行动笨拙的雷龙实际上是迷惑龙[20]，漂亮的巴尔的摩拟鹂[21]实际上是北方拟鹂。随后，他坚决地站在了支持冥王星为行星的一方：

20. 迷惑龙，一种体形巨大的食草恐龙。学术界曾一度把雷龙归入迷惑龙属，并将它改称秀丽迷惑龙。不过公众仍然喜欢并使用雷龙这个名字。2015年，一些科学家经过调查指出，雷龙与迷惑龙之间存在差异，再次将雷龙从迷惑龙属中划分出来，成为独立属。——编者注

21. 巴尔的摩拟鹂，也称橙腹拟鹂，生活在北美东部。由于巴尔的摩拟鹂与生活在北美西部的布洛克氏拟鹂（也称布氏拟鹂）杂交，这两种鸟曾一度被归为一种，称为北方拟鹂，但一些科学家对此并不认同。——编者注

科学，对我来说并不只是科学家研究的东西。科学是大家的，是我们所有人的。它属于克莱德·汤博小学的孩子们，也属于观众席中的年轻人。这些年轻人比我们强，不会像我们一样，看见一个物体只会说“这是颗行星”，“这是只迷惑龙”。

但最重要的是，当我们晚上去散步，仰望群星璀璨的夜空时，我们不会认为星星是极其复杂的存在，我们只是把它们当成美丽而简单的东西……让我们向冥王星发射一个航天器吧。若它能到达冥王星，就让它拍摄一张清晰的照片，表明那是一只狗，不是一颗行星。那时我们就可以继续这场辩论，认为冥王星不是行星，而是一只狗，或是一只迷惑龙。在此之前，咱们还是享受这美丽的夜空吧，不要再为了冥王星而争吵不休。

那晚是我们这些在海登天文馆工作的人，当然也包括所有在场的观众，可能还有其他地方的人们，第一次从科学乃至文化的角度，听到关于冥王星地位的不同观点的持续交锋。与会者的看法各不相同：一位与会者坚决认为冥王星属于冰质天体，两位与会者认为冥王星应该拥有双重身份，另两位与会者认为冥王星属于行星。后来回想起来，这场原本为帮助我们设计宇宙大厅中的行星展览而组织的，例行公事般的专题讨论，实际上成为了一个分水岭。

各位学者结束陈述后，我用掌声测量仪衡量了现场气氛活跃度。谁完全同意将冥王星踢出行星之列？只有稀疏的掌声。谁支持冥王星应该是一颗行星？掌声不太热烈，但有零星的欢呼声。然而，在当晚的会议结束时，从海登天文馆出来的与冥王星展览设计相关的每一个人，排除怀旧情结后，都认为冥王星不需要保留任何一种地位。从辩论过程中观众的笑声和欢呼声判断，大多数人对此也表示认可。

1999年5月24日，星期一。这天晚上，冥王星从它闪耀的宝座上跌落下来。

5.
展馆设计引发危机

时间飞逝，很快我们就要进行行星展览设计了。虽然，我们没有权力，也没有能力（或兴趣）去声明太阳系只有八大行星，但这并不代表我们不能尝试用新的方法去解决这个问题。于是，我们决定改变过去教科书中按轨道罗列天体的展示方式，将性质相似的天体归为一类来展示太阳系的组成。

太阳系的组成之一就是我们太阳系的恒星——太阳，它单独出现是因为它的质量远大于太阳系中其他所有天体的总和。接下来是类地行星：水星、金星、地球和火星。这些行星之间的共同点，远多于它们与太阳系内其他天体的共同点。类地行星相对较小，主要由岩石组成，密度较大，离太阳较近。这些类地行星之外是小行星带，它由数十万个表面凹凸不平的石块和金属块组成。这些碎片有的从未成为过行星的一部分，还有的是行星形成后又被撞碎所产生的行星胚胎的残留碎片。接着，就是所谓的类木行星，也就是气态巨行星：木星、土星、天王星和海王星。与类地行星相似，类木行星之间存在的共同点，远多于它们与太阳系内其他天体的共同点。类木行星都很大，呈球状，有着很小的密度，周围有行星环，还有众多卫星，而且这些卫星按顺序排列。在类木行星之外是柯伊伯带的彗星，它们的轨道基本上位于同一平面。在比柯伊伯带更远的地方还有一大群轨道变化不定的彗星，它们被称为奥尔特云[22]。

冥王星应该归在哪里？柯伊伯带。回答完毕。

我们认为，按顺序列举行星是无用之举——列举任何东西都没有意义。这种做法在学术上和教学上都毫无意义。与之相似，“地球上有多少个国家？”这样的问题也没有意义。你可以说出一个数字来回答这个问题，不过这个数字与你如何定义国家有关。如果把那些自视为国家，但未得到国际承认的地区也算成国家，那么这个问题的答案就会改变。抑或采用正式加入联合国的国家名单来统计数目？

22.奥尔特云，主要由冰质小天体组成的环绕太阳的球状云团。奥尔特云位于星际空间，与太阳的最远距离为10万天文单位（约2光年）左右。——译者注

这是个好办法，不过这就意味着在2002年正式加入联合国之前，瑞士也不能算是个国家。这样就太奇怪了，因为在瑞士的日内瓦有联合国的四个世界级办公区中的一个，还有国际联盟[23]旧址。

你也可以从其他人编撰的书中，不考虑各国的特点，按字母顺序列出国家的名字。然而，我们为什么不按国家间的相似之处，用数据和人口统计来对国家进行分类呢？这样做可以了解到很多有用的知识，比如区域位置、人口规模、人均收入、高低温差、预期寿命，以及耕地比例。这样的分类方法可以使人们以有意义的方式，对各国进行比较和对照。

为纪念慈善家多萝西·卡尔曼(Dorothy Cullman)和刘易斯·卡尔曼(Lewis Cullman)夫妇，罗斯中心的宇宙大厅被命名为卡尔曼宇宙大厅。展厅分为四大部分：行星展区、恒星展区、星系展区和宇宙展区。在过去，行星展区的每一面墙板只展示一颗行星：水星及其性质，然后是金星及其性质，一直到冥王星及其性质。一共有九面墙板，原先就是这样设计的。

我们则另有创新。

纵观整个太阳系，我们自问：行星和其他天体有哪些

23. 国际联盟，简称国联，是依据《凡尔赛条约》而组成的国际组织，前后存在26年，高峰期曾拥有58个会员国。国联的宗旨是减少武器数量、平息国际纠纷及维持民众的生活水平。二战后，国际联盟被新成立的联合国所取代。——译者注

物理特性可以放在一起讨论呢？这些物理特性应该是天体间共同的性质或现象，让我们得以比较和对照不同天体类别之间的异同点，从而勾勒出它们的概貌。这样的一个特性就是风暴。旋转的天体只要有一个厚厚的大气层，就会产生风暴。还有一些特性，比如行星环，再比如磁场。因此，我们采用非传统方式，按太阳系天体的数据资料对天体进行分类，并在墙板上按类别展示。冥王星就被放在柯伊伯带天体中展示。不过，我们既不列出天体的数目，也不列出行星的名单。

我们知道，无论关于冥王星的辩论结果如何，这种将太阳系按类别划分的方式在教学和学术上都是行得通的——它就像一条知识高速公路，彻底避开了专业术语问题。

6.
宇宙尺度展厅

罗斯地球与空间中心还有一条总长400英尺（约121.9米），围成方形的人行步道，我们称这个区域为宇宙尺度展厅。与那个因能称出你在各天体上体重而闻名的展厅不同，宇宙尺度展厅中包括许多巨型景观。这些景观沿着步道环绕在巨大的海登天文馆球体周边。海登天文馆的球体不仅是太空剧场，在球体内部还有一个重现宇宙诞生的独立场馆，从中穿过的观众可以看到宇宙大爆炸的场景。我们充分利用了球体外的空间，把它也作为展览元素，用来展示天体之间的相对大小。通过安装在人行步道两侧扶手上的模型和悬挂在天花板上的模型，每走几码（1码约等于0.914米）你就会发现展区中景观的尺度在以10的指数变化。步道开始处，这个球体代表整个宇宙，扶手上的模型代表银河系中的本超星系团[24]。往前走几步，球体代表本超星系团，扶手上的模型代表银河系。再往前走，球体代表银河系，扶手上的模型代表星团。随着观众不停往前走，对比尺度持续变小，直到观众走到氢原子的原子核模型旁。

大概在这条步道的中间位置，观众可以走到一个观景台。从此处看，球体代表着太阳，扶手上的模型代表着类地行星。从拳头大的水星到哈密瓜那么大的金星和地球，各行星模型间保持着真实的相对大小比例。悬挂在太阳周围的是气态的类木行星模型——它们的体积过大，无法被安装在扶手上。

这是一个展示天体间相对大小的展区。此处绝佳的视角可以使观众对太阳与类地行星、类木行星间的相对大小一目了然。我们并不大想在这里展示冥王星。为什么呢？

24. 本超星系团，由本星系群、室女星系团、后发星系团及一些较小的星系群和星系团组成。其长径在3,000万秒差距以上，厚约200万秒差距，质量中心在室女星系团附近。银河系的位置较接近本超星系团的边缘，离质量中心约1,000万~1,200万秒差距。——译者注

图4.3

在罗斯地球与空间中心，观众在宇宙尺度展厅的人行步道上看到的类地行星模型。海登球（图4.2）代表太阳，扶手上安装的模型代表类地行星，其相对大小完全按真实比例制作。这一尺度下，水星（左）只比棒球大一点儿，地球和金星的大小与足球相当，火星（右）的大小与地掷球相当。冥王星不属于类地行星，所以不在其中。（这里只是为了展示各天体与太阳的相对大小，因此地球模型以及展览中的其他基准天体模型都未上色）

因为这里没有展示彗星，没有展示小行星，也没有展示太阳系内比冥王星还大的卫星。我们只是简单对比了太阳系内的两类天体与太阳的大小。

观众如果想要了解太阳系的形成、结构与组成，请参观宇宙大厅中的行星展区，在那里的透明展板上可以找到冥王星。顺便说下，它与柯伊伯带中的小天体挤在一起。

图4.4

罗斯地球与空间中心的宇宙尺度展厅中的场景。海登球代表太阳，旁边是气态的类木行星——木星、土星、天王星、海王星的模型。这些行星模型都悬挂在天花板上。冥王星不属于类木行星，所以不在其中。这些天体的模型都是在一定尺度下按照相互之间真实比例制作并展示的

7.
《纽约时报》的头版报道

2000年2月19日，星期六。当天上午，新落成的罗斯地球与空间中心向公众开放。当时，对在行星展区我们采取的布展方式可能引发的巨大争议，我们并非毫不在意。不过，我在接受国内外电台、报社和电视台的上百次采访时，并没有被问及我们对冥王星的展示方式。而且我也没有主动提到过这个问题。事实上，《纽约邮报》和其他两三家地区性报纸在介绍场馆时，提到了宇宙尺度展厅中没有冥王星，不过都没有进行大肆渲染。舆论一片平静。没有媒体对此提出异议。

但那只是暴风雨来临前的平静。

有一天，《纽约时报》的一位记者利用闲暇时间参观罗斯中心。走在宇宙尺度展厅的人行步道上，记者偶然听到一个孩子问他妈妈："妈妈，冥王星在哪儿？"妈妈相当自信地答道："再仔细找找，你刚刚没有用心看。"

那个孩子还在问："妈妈，冥王星在哪儿？"当然，没人能找到冥王星，因为它根本就不在那儿。听到这段对话，记者知道有文章可做了。于是，他打电话给报社，报社让

肯尼斯 · 张(Kenneth Chang)[25]负责报道此事。张是个热情又聪明的年轻科学记者，他做了一番调查后，向《纽约时报》提交了一篇文章。

2001年1月22日，此时罗斯中心开放已将近一年。这一天正是乔治 · 布什(George W. Bush)宣誓就任第43任美国总统后，新闻报道的热潮才刚刚开始的第二天。这场选举备受争议。而此时，佛罗里达州选票打孔处掉落的孔屑还在风中飘散没有落定。可以预见，《纽约时报》当天的头版报道一定少不了来自首都华盛顿及其他地方，各界对新任美国总统的反应。

头版报道的大标题确实是《入住重新装饰过的美国总统办公室第一天，布什参观新家后向公众致意》。不过，头版也有其他重要新闻，如美国情报人员认为伊拉克有三座可疑的武器工厂，加利福尼亚州正努力建设发电站以解决夏季供电不足问题。

接下来，头版上出现了肯尼斯 · 张撰写的关于罗斯中心的报道。标题文字采用55号字，这几个字已经足够扰乱我后面几年的生活了:

《冥王星不是行星？这只在纽约成立吧》

25. 肯尼斯 · 张，一位华裔记者，张为音译。——译者注

这篇报道的篇幅超过四栏，其中包括第二版的一张照片和一个图表。

在开篇，张记者描述了亚特兰大的游客帕梅拉·柯蒂斯（Pamela Curtis）的沮丧之情：她回忆起那个流传已久的口诀，并大声背诵出“我那很有涵养的母亲……（My Very Educated Mother ...）”。这些文字描述就是希望说明，我们博物馆的天体展览其实遗漏了冥王星。然后，张记者直击要害，把我们对冥王星的所作所为写成了背叛和猜疑：[26]

> 去年2月罗斯中心开放的时候，美国自然博物馆的做法——将冥王星排除在行星行列之外——悄然彰显出它与其他大型科学机构的不同。该中心的各个展区都没有把冥王星当成一颗行星来展示和说明，但也没有明说“冥王星不是行星”……
>
> 尽管如此，这样的举动也足以令人称奇——很显然，博物馆单方面将冥王星降级了，将它分配在海王星外一个叫“柯伊伯带”的区域，与那个区域中的300多个[27]冰质天体相提并论。

然后，张记者列举了专家们的看法。比如麻省理工学

26. 肯尼斯·张：《冥王星不是行星？这只在纽约成立吧》，载《纽约时报》，2001年1月22日，A1-B4版。

27. 至今人们已经发现了上千个柯伊伯带中的冰质天体。——编者注

院的行星科学家理查德·宾泽尔（图3.6）的评论："他们在冥王星降级一事上做得太过火了，远远超越了主流天文学家的看法。"再比如，在博物馆的冥王星专题讨论会上和我们见过面的艾伦·斯特恩的评论："这并非主流观点……真是荒唐。国际天文学联合会已经解释过此事，目前已不存在争议。"

然而，如果你继续读下去，读到B4版时就会发现，天文学家几年来都在考虑冥王星的分类问题：

> 国际天文学联合会，作为一个优秀的天文学家组织，仍然将冥王星称为行星，认为它是太阳系九大行星之一。甚至1999年提出的、冥王星应具有行星和柯伊伯带天体双重身份的提议，都招致了人们的强烈反对。人们认为，"小行星"这样的头衔有损冥王星的声望……
>
> 不过，即便是一些为冥王星辩护的天文学家也承认，如果我们现在才发现冥王星，那它可能就不会拥有行星地位了。这是因为它的个头太小了——直径只有约1,400英里（约2,253千米），而且它与其他行星之间的不同之处也太多了……
>
> 作为一颗行星，冥王星的表现总是很奇怪。它的物质构成与彗星类似，它的轨道与其他行星相比存在17度的倾斜……
>
> 不过，冥王星还是被称为行星，因为我们不知道该

叫它什么。后来到了1992年，天文学家发现了第一个柯伊伯带天体。迄今为止，他们已在海王星外发现了上百个石块和冰块，其中大约70个与冥王星的运行轨道极为相似，科学家将它们称为冥族小天体[28]。

为证实此事，张记者绘制了一张题为“保留还是免除行星地位”的图表。通过图表可以看出，冥王星介于地球、水星等行星与谷神星、小行星2000 EB173等非行星之间。冥王星的标签上写着“冥王星比小行星大，且有大气层”，但是“冥王星的轨道很奇特，且星体主要由冰构成”。

张记者在若干段落里，引用了我在为我们博物馆对冥王星处理方式辩护时所说的话。最后一段中，我再次看到了自己那篇题为《冥王星的荣耀》的文章里的结语，其中包括我对冥王星的评论：成为柯伊伯带天体中的王者的冥王星，肯定要比当行星中的小不点儿时更快乐。随后，文章援引了来自丹佛自然与科学博物馆——该博物馆正在建造的新的空间科学中心仍会将冥王星作为九大行星之一来展示——的科学家的话：

丹佛自然与科学博物馆空间科学中心负责人劳拉·丹利 (Laura Danly) 说：“我们坚决与冥王星站在一起。

28.冥族小天体，与海王星存在2：3共振轨道的海王星外天体。——译者注

我们喜欢作为行星的冥王星。”

不过她也说：“我觉得这件事没有对与错之分。不是有意开玩笑，什么是行星，什么不是行星，现在还没有定论。”

大多数人不会读到文章最后，而劳拉·丹利的坦率评论——冥王星的分类还没有定论，恰恰被写在了文章的末尾。后来，丹利被我们从科罗拉多州聘请来做我们博物馆的天体物理教育主管，此后她又调到洛杉矶新改造的格里菲斯天文台和天文馆担任教育主管。

文章最后以《纽约时报》这篇头版新闻的作者自己的话结束：“冥王星不是行星？这只在纽约成立吧。”这句话也成了这篇文章的标题，其实更准确的标题应该是《冥王星不是行星？越来越多的专业学者对此表示肯定》。

为此，我的电话从2001年1月22日那天早上大约7点开始就一直响个不停。语音信箱接收的信息也超过了容量限制（那天之前我都不知道我们电话系统的语音信箱容量是多少）。我的电子邮箱的收件箱里也塞满了邮件。从那一刻起，我的生活发生了天翻地覆的变化。

8.
成为舆论焦点

如果老板给你打来电话，问:“你到底做了什么？！”那么这多少都会让人感到恐惧。给我打电话的是著名的古生物学家、博物馆教务长迈克尔·诺瓦切克。要知道，我在这个庞大的博物馆中算是个新人——一个掌管着耗费2.3亿美元博物馆经费的科学项目的、狂妄自大的年轻人。

当然，博物馆作为一个研究机构的同时，也是大众参观展览的场所，其科学公正性受到人们的关注是完全合理的。所以，当一则头版新闻把展览拖下水，质疑这个展览的科学价值时，高层领导需要了解为什么会发生这样的事。因此，可能出于担心我滥用权力，将个人观点强加到整个机构，诺瓦切克问我，是我自作主张要把冥王星降级，还是在做出决定前已经达成了某种共识。我的回答是，不管是来自博物馆内部的还是外部的所有科学顾问团队成员，都就这个问题进行了讨论，展览的呈现方式代表了我们所有人的共识。

然而我的解释毫无意义，博物馆要进一步向权威人士寻求意见。因此诺瓦切克给杰里迈亚·奥斯迪克（Jeremiah P. Ostriker）打电话。奥斯迪克是美国国家科学奖获得者、普林斯顿大学教务长、普林斯顿大学天体物理学院前院长

（他任院长时我在那里做助理教授），曾发表过200多篇天体物理学论文，当时刚成为我们博物馆的理事。你能猜到奥斯迪克跟诺瓦切克是怎么说的吗？他说："尼尔做的事已经得到了我的许可。"

我一直不知道这件事，直到几年后奥斯迪克和我聊别的事情时无意中提起。他完全无视媒体的声音，就像当初刘丽杏在专题讨论会上所做的那样。对科学家来说，这场轩然大波并不涉及科学问题。太阳系的组成、太阳系的演化过程，这些才是真正的科学问题。人们给这些天体贴什么标签，这并不是什么重要的事情。大家正在争论的是人们想出来的问题，而不是有关宇宙的根本问题。当人们坐在一起展开辩论时，冥王星和宇宙中的其他天体仍然照常运转。无论我们怎样热烈地讨论它们的分类，它们都无动于衷。

肯尼斯·张的文章在《纽约时报》发表几周后，该报又发表了第二篇文章——马克·赛克斯（Mark Sykes）思考的结果。赛克斯是一位行星科学家，就职于位于美国图森的亚利桑那大学的斯图尔德天文台，当时他是美国天文学会行星科学分会主席。听说罗斯中心正在酝酿一场风暴，他给我发电子邮件，警告我行星科学分会执行委员会将起草声明，指责我们对冥王星的展示方式。同时他也告知《纽约时报》，他将到纽约出差，并将安排与我会面讨论此事，问报社是否愿意派记者旁听我们的谈话。报社当然愿意。

赛克斯来了，同行的还有肯尼斯·张。他既是这次谈话的见证人，也是《纽约时报》派来的摄影师。我们围坐在我办公室的黄铜咖啡桌前，开始了谈话。这张咖啡桌由一幅直径4英尺（约1.2米）的圆形当代版画改造而成，这幅画曾在海登天文馆老馆的科学史展览中展出。画中展示的是很久以前的地心说模型，地球在最中间，行星绕着地球做圆周运动。张用录音带完整地录下了我们所有的谈话内容。

这次谈话后来被写成了一篇文章，文章标题为《关于冰质天体冥王星从行星行列降级的一次谈话》。文章还配上了一小段文字，内容是有关飞往冥王星的航天任务的前景展望。还有一张赛克斯在巨型海登球旁试图阻止我的照片，我们后方的背景是悬在展馆中的气态巨行星模型。图片所配的说明文字是这样的："马克·赛克斯博士（左）向尼尔·德格拉斯·泰森博士发起挑战，要他解释为什么在海登天文馆的行星展览中那样对待冥王星。"

报纸刊登的谈话内容读起来就像一份原始的文字记录，从中我们可以看出赛克斯对此事的观点强硬而清晰。[29]

赛克斯博士：这种共识是存在的。或许不是所有人都认可，但我认为共识还是存在的。这种共识就是，人们觉得不该把冥王星，叫它柯伊伯带天体也可以，但我们不该把它从行星行列降级。人们思

29.肯尼斯·张：《关于冰质天体冥王星从行星行列降级的一次谈话》，载《纽约时报》，2001年2月13日，F2版。

考的不是天体家族，不是天体类别，不是天体间的关系。他们思考的是 (冥王星是不是) 行星的问题……

人们来到博物馆，希望看到的是天文学家的观点。你在这里展示的不是天文学家的观点……

泰森博士：这就是一些天文学家的观点……

赛克斯博士：我想，这些天文学家的数量我用一只手就能数清楚……我想说，如果冥王星是今天才被发现的，而且它有卫星，还有大气层，那么我认为它应该被称为行星，而不是被当成小行星……

它有含氮的极地冰盖，有四季之分，有自己的卫星，有大气层。它的一系列性质都与其他任何柯伊伯带的天体不同。如果只是无所顾忌地说，"好吧，我们不打算告诉你们这些不同点，我们就想把它和其他那些天体分在一类"，那么从教育的角度看，这样做很不负责任……

如果冥王星的大小是现在的10倍，你会怎么做？

泰森博士：我想如果它还是冰质的，那么我们还是会说，它和其他冰质天体一起绕太阳做圆周运动。

赛克斯博士：冥王星被视为行星。那不如叫它冰质行星。

泰森博士：只有一个成员的类别吗？

赛克斯博士：对啊，只有一个成员的类别。有什么不可以呢？

我后来听说，除了在亚利桑那大学获得了行星科学的博士学位，马克·赛克斯还在该校获得了法学学位，而且加入了亚利桑那州律师协会。所以我个人猜测，他迫切地想与我争论，多少与这有关。

媒体并不会善罢甘休。所有与此相关的报道、记录和分析，都会让这件事在公众心中扎根，而罗斯中心始终处于被诋毁或被赞誉的中心。2001年5月，我收到了一包信件，其中附有很多篇打印版论文，这些论文总共有100页。论文来自詹姆斯·狄克逊（James Dixon）先生执教的马萨诸塞州金斯顿市银湖地区高级中学地球科学培优班的九年级学生。通过援引我发表的冥王星相关文章、各个媒体报道，以及其他资料，每个学生都就某一个观点展开论证。根据学生投票结果，支持冥王星作为行星和反对冥王星作为行星的各占一半——在这场争论的早期这种结果极为罕见。无论如何，这位善于应变的教师把科学上的争论变成了一次教学机会，这种教学方法相当于将柠檬制作成柠檬汁。我欣赏他的尝试，也赞成其他教师将有关冥王星地位的话题讨论编入教学大纲。

这已经不是狄克逊先生第一次与我通信了。2年前，罗斯中心还没有向公众开放时，他和他的学生们就寄给了我第一包他们的信件，回应我在《博物学》杂志发表的文章《冥王星的荣耀》。那时我还不知道在冥王星问题上会拥有这样的笔友。

没过多久，人们就从整个事件中发现了幽默之处。2001年2月16日，曾参与编写儿童动画片《蔬菜宝宝》的埃里克·梅塔克萨斯(Eric Metaxas)，在他写的《纽约时报》专栏文章中称，除非我们对冥王星的展示方式引发了一种新的文化潮流，否则他实在无法忍受下面那些令人生厌的新闻标题：[30]

《西红柿被认定为一种蔬菜》

《五大湖成为世界上首个淡水海洋》

《米与码握手言和》

《杰拉尔德·福特(Gerald Ford)总统[31]不再标注星号》

上述大多数题目都很难论证。

9. 海王星外的新发现

此后几年，就像朱伊特和刘丽杏以及其他开展天文观测的天文学家所预期的那样，我们发现了越来越多的柯伊伯带天体。它们大多数是冰质天体，且沿偏心轨道运行。那

30.埃里克·梅塔克萨斯：专栏，载《纽约时报》，2001年2月16日，A19版。

31.杰拉尔德·福特在1974年尼克松辞职后接任总统，并未经过选举。——编者注

些和冥王星轨道参数相似的天体都被称为冥族小天体。其中一些天体在质量、大小和性质方面，还无法与冥王星相比，但与冥卫一相似。对于行星科学家而言，海王星外的天体越来越多，这个区域也变得越来越有趣。

我们来看一下直径。2000年11月，罗伯特·麦克米伦（Robert S. McMillan）利用亚利桑那大学0.9米太空监测望远镜观测到一个天体，后来被正式命名为20000号小行星伐楼那，直径估计约为900千米。[32] 2001年5月，詹姆斯·埃利奥特（James L. Elliot）和劳伦斯·沃瑟曼（Lawrence H. Wasserman）利用位于智利托洛洛山的4米布兰科望远镜拍摄了一张数码照片。从这张照片上，一个天文学家小组发现了与伐楼那大小相近的28978号小行星伊克西翁。该天文学家小组隶属美国国家航空航天局资助的深空黄道巡天项目。2002年6月，加州理工学院天文学家查德·特鲁希略（Chad Trujillo）和迈克尔·布朗（Michael Brown）在加利福尼亚南部的帕洛马天文台，利用48英寸（约1.2米）奥欣望远镜观测到50000号小行星夸奥尔[33]。夸奥尔的直径约为1,300千米，几乎是冥王星直径的一半。夸奥尔是自1930年汤博发现冥王星后，人们在柯伊伯带发现的最大天

32.载“太空监测”网站，http://spacewatch.lpl.arizona.edu。

33.根据国际惯例，海王星外天体以创造世界的诸神的名字命名。夸奥尔源自美国原住民通瓦人。通瓦人原来居住在洛杉矶地区，这里是发现夸奥尔的机构加州理工学院所在地。

体。2002年10月7日，在美国天文学会的一次会议上，发现夸奥尔的消息被公之于众。这件事引起了《纽约时报》的注意。8天后，该报发表了一则社论，题为《冥王星的困境》：[34]

> 冥王星，这颗我们在小学就学到过的行星，是九大行星中最不受人重视的。如今它的前景愈加黯淡……
>
> 冥王星之所以赢得第九大行星的地位，完全是因为天文学家想在海王星外找到另一颗行星，而不是因为冥王星本身固有的性质，尽管冥王星的追随者们不愿承认……去年，海登天文馆将冥王星从行星行列剔除，引起轩然大波。
>
> 现在又出现了一个新的打击。上周，天文学家宣布发现了另一个脏兮兮的冰球，大小约为冥王星的一半，轨道为圆形——这一点确实比冥王星看起来更像行星。新发现的夸奥尔处于一大堆小天体中间，它们所在的区域被称为柯伊伯带……
>
> 天文学家预计，在柯伊伯带会找到多达10颗类似的天体，它们与冥王星大小相近，甚至比冥王星还大。所以，如果不想再将10颗行星加入小学教学大纲，我们把冥王星降级为遥远的冰质天体是明智的选择。

34.《冥王星的困境》，社论，载《纽约时报》，2002年10月15日，A26版。

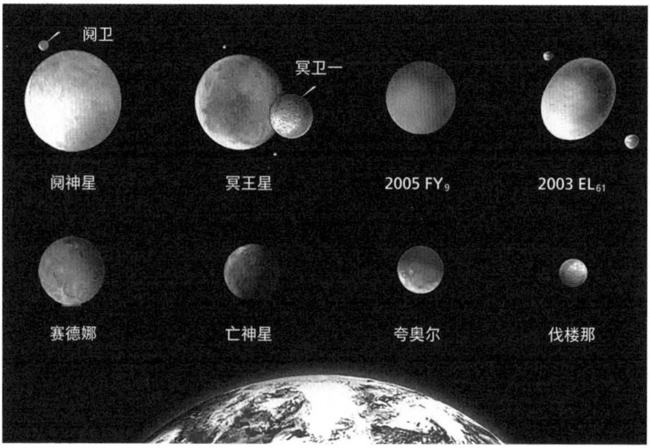

图4.5

按大小顺序排列的、包括冥王星在内的8个海王星外天体。随着人们发现了越来越多在海王星外环绕太阳运动的天体，找到与冥王星体积相当的天体的可能性也越来越大。我们已经发现小天体阋神星比冥王星大（后来科学家发现，阋神星体积比冥王星略小，质量比冥王星大），以后肯定还能发现更多。图片下方画出了地球的一部分，用以对比这8个天体的大小

请问，这还是那份报纸吗？它的头版标题不是将冥王星遭遇的所有不幸，都算在海登天文馆头上了吗？还有海登天文馆“引起轩然大波”是什么意思？难道那场风波不是《纽约时报》一年前捅出的那篇文章造成的吗？我们又没有召开新闻发布会。我们的行星展览平静地展示了整整一年他们才发觉。还有那句“我们把冥王星降级……是明智的选择”，又是怎么回事？“我们”指的是谁？

过去的整整一年里，《纽约时报》都站在支持“冥王星是行星”一方。不过，如果他们现在（尽管没有明确表态）

认同了我们的行为——如果该报终于理解了那个晚上我们在冥王星专题讨论会上讨论清楚的事情，我们很高兴他们站在我们这一方。

一年后，2003年11月，柯伊伯带猎星人迈克尔·布朗、查德·特鲁希略和戴维·拉比诺维茨（David Rabinowitz）利用奥欣望远镜，发现了一个直径约为1,500千米——大概是冥王星3/4的淡红色天体，后来被命名为90377号小行星赛德娜。这是太阳系内已知的最遥远天体。行星科学家很快将实现梦想——在柯伊伯带中发现比冥王星更大的天体。

事实上，在这之前一个月这样的天体就已经被观测到了。2003年10月21日，布朗、特鲁希略和拉比诺维茨已经拍到了它，但一个月后才查明它是绕太阳运转的第九大天体：136199号小行星阋神星。它的直径在2,400～3,000千米之间（冥王星的直径在2,300千米左右）[35]，它的质量比冥王星大27%。2005年7月29日，布朗及其合作者宣布，他们发现了阋神星及另外两个（体积较小、行星抖动更小的）天体。

正如迈克尔·布朗所说的那样，若按国际天文学联合会的规定，阋神星自然应该属于行星之列，那么布朗应该是继克莱德·汤博之后第二个发现新行星的美国人。但如果这

35. 科学家后来重新估算了冥王星的直径，证实冥王星仍是柯伊伯带中体积最大的天体。——译者注

样的话，逆命题也应该是对的：若阋神星被分在非行星的类别，比如矮行星，那么，阋神星作为比冥王星大的天体，就会将冥王星一起拖下水。这就是由必定会被发现的阋神星所引发的争论。

在2006年9月，国际天文学联合会正式命名阋神星之前，迈克尔·布朗曾称之为齐娜(Xena)。这个名字来自美国电视剧中一个丰满健美、身着皮质战服、挥剑战斗的女战神。在每周的剧情中，她大多在中世纪的战场上战斗。不幸的是(在我看来)，电视剧中的神话人物名字并不适合拿来为宇宙中的天体命名。国际天文学联合会命名天体时所涉及的神话人物都出现在电视机问世以前。迈克尔·布朗了解到这一点后，提议用希腊神话中代表纷争和冲突的女神——阋神厄里斯(Eris)的名字来命名。因为正是阋神星卫星的轨道帮助人们精确计算出阋神星的质量大于冥王星的，所以布朗提议，将Dysnomia(戴丝诺米娅)作为这颗卫星(阋卫)的英文名。希腊神话中，戴丝诺米娅是厄里斯的女儿，无法无天的邪恶女神。众所周知，古代神话中众神之间的关系十分复杂。厄里斯的消遣方式之一是向人类灌输猜忌和嫉妒，从而挑起他们之间的战争。在珀琉斯(Peleus)[36]和忒提斯(Thetis)[37]的婚礼上，所有的神都受邀

36. 珀琉斯，希腊神话人物，忒提斯的丈夫，宙斯的孙子，特洛伊战争中希腊联军主将阿喀琉斯的父亲。——译者注

37. 忒提斯，希腊神话中的海洋女神，珀琉斯的妻子，阿喀琉斯的母亲。作为女神的忒提斯嫁给了一个凡人(珀琉斯)，生下了特洛伊战争的英雄阿喀琉斯。——译者注

参加，只有厄里斯没有受到邀请。为此，她极为愤怒。报复心切的她挑唆女神们，最终酿成了特洛伊战争。

布朗的确认真做了古代神话的功课。他准确地抓住了阋神星在冥王星事件上发挥的作用——打破平衡，独自挑起纷争。

五

争议四起

1.
卷入纷争

自从成为“人民公敌”，我的日子就不再好过了。2001年1月22日《纽约时报》刊登的那篇文章给我制造了大麻烦。自此之后，我收到的几乎所有信件和电子邮件中表达的都是负面意见。不管是小学生还是成年人都无端指责我，把我当成一个痛恨冥王星的自私薄情之人。还有一些人，他们根本就没注意到《纽约时报》的那篇文章是在罗斯中心开放一年后才发表的，因而他们指责博物馆以此为噱头来吸引人们注意。我几乎为所有来信写了回信。大多数人都把我们想象成精明世故的纽约小市民，把无力反抗的小小冥王星一脚踢出太阳系行星家族；他们还认为我出于个人原因，试图破坏掉我们从小学起就熟知的九大行星大家庭。

而事实上，我们对冥王星所做的事情要比这些质疑中提到的微小得多。这些质疑提醒了我。于是，我针对这些质疑写了一篇“媒体回应”。文中，我罗列了《纽约时报》

上的《冥王星不是行星？这只在纽约成立吧》这篇头版文章的读者们对我们的质疑，并与我们的所作所为进行比较，澄清我们的立场。这篇文章（全文详见附录B）引用了我们展厅说明中的原文。我们在宇宙大厅的行星展区提出了这样的问题："何为行星？"对这个问题我们的回答是这样的：

> 在我们的太阳系中，行星是环绕太阳运动的较大天体。但我们目前还未能观测到其他与太阳系有相似特征的行星系统，因此无法给出普遍适用的行星定义。一般而言，行星有足够大的质量，可以在引力作用下使自身成为球体；但它们的质量又不能太大，这样其内核就不会发生核聚变。

这段文字不大会引起争议。展厅说明接着描述了"太阳系"：

> 环绕太阳运动的天体包括五类。最内侧的是类地行星，靠外侧一些的是气态巨行星，这两类天体被小行星带隔开。在小行星带外的巨行星外侧，是聚集着彗星的柯伊伯带，那是一条由冰质小天体组成的环带，冥王星就在其中。在更遥远的，比冥王星到太阳还要远几千倍的地方，还有一个名为奥尔特云的彗星群。

这段话没有任何问题。但由于博物馆持续遭到非议，我们不得不想办法尽快平息事态。于是，我重新审视了罗斯中心的整体布局，详细描述了宇宙尺度展厅中“引发争议”的部分，同时仍然坚持着我们自己的立场：

> 沿着宇宙尺度展厅向里走，走到大概一半时，就来到了球体代表着太阳的尺度。在这里，天花板上悬挂的是类木行星模型（展馆中的最佳拍摄景观），四个固定在扶手上的小球体代表着类地行星。这里没有展示其他的太阳系天体。这里的展示主题仅仅是天体间的相对大小，不包括任何其他内容。

然后，我正面回应了下面的问题：

> 不过，由于看不到冥王星，约有10%的观众想知道它去哪里了。（尽管我们在展览中已经解释过，这里展示的只有类木行星和类地行星。）

既然有10%的公众感到困惑，作为教育工作者，我们就应该对此予以重视。文章接着写道：

> 考虑到教育的全面有效性，我们决定……在宇宙尺

度展厅的适当位置增添一块牌子，上面提出一个简单的问题："冥王星去哪儿了？"然后，解释一下它为什么没有出现在那些模型中。

不久之后，我们真的设计制作了"冥王星去哪儿了？"这样一块展板，并将它固定在宇宙尺度展厅的步道上，在它旁边就是装在扶手上的水星、金星、地球和火星的模型，十分醒目。从此，人们参观展览时再也不会问冥王星去哪儿了。不过这些做法并不能阻止我们将要面对的指责。

2.
我的回复

2001年2月2日，我们向公众发布了上述声明。不过，这份声明其实是专为英国剑桥会议网的网络论坛拟定的。这个论坛由英国利物浦约翰·穆尔斯大学的社会人类学家本尼·派泽（Benny J. Peiser）出任坛主，有很高的点击阅读量。该论坛的主要创建目的，是对小行星、彗星，以及它们对地球生命的威胁进行开放式的讨论。不过除此之外，论坛里也会讨论很多其他各式各样的问题。

2001年1月29日，派泽在论坛上转发了来自美国联合通讯社和《波士顿环球报》的文章。[1]这两家媒体明显受到了《纽约时报》一周前最先发表的那篇文章的影响。美国联合通讯社的文章里引用了我的一句话：

> 核对行星的数量，对促进科学发展没有任何裨益。太阳系究竟有几颗行星，是8颗还是9颗，这并不重要。

接着引用的是杰出的业余天文学家戴维·利维的评论（上一章中讲过，在1999年博物馆召开的关于冥王星地位的会上，我们见过面）。利维话中带刺，一张口就气势逼人：

> 在冥王星的问题上，泰森太过偏颇，好像他来自另一个宇宙一样。

要记住，如果一位天文学家说你“来自另一个宇宙”，那他一定是话中有话。

论坛中立即掀起了一场旷日持久的口水战。夏威夷大学的戴维·朱伊特教授是彗星聚集区柯伊伯带的发现者之一（另一位发现者是刘丽杏，我们在博物馆举行的冥王星讨论会上见过）。他完全支持我们对冥王星的展示方式：

1.从剑桥会议网上引用的所有内容均得到了本尼·派泽的授权。

他们做得完全正确。这是一个情感上的问题。人们只是不希望改变行星的数量罢了。不过，其他博物馆也一定会逐渐认识到这个问题，罗斯中心只不过是稍稍走在了时代前面。

伦纳德·戴维（Leonard David）是太空网的记者，他引用了空间科学家凯文·扎恩勒（Kevin Zahnle）的话：

冥王星是一颗真正的美国行星。一个美国人为美国发现了它。

当时，扎恩勒任职于位于加利福尼亚州莫菲特场的美国国家航空航天局艾姆斯研究中心。我后来从一个同事那里听说，扎恩勒其实只会讲这一个笑话。但那些不了解实情的人，却把这句带有狭隘民族主义色彩的话当了真。乔舒亚·基奇纳（Joshua Kitchener）是一家致力于小行星追踪的网络电子杂志的负责人，他立刻回复道：

这样的浪漫主义情怀在科学上已无立足之地。科学是一个永不停歇地寻找客观真理的体系，这些真理不能掺杂人类的偏见与情感。当然，也不容许掺杂狭隘的民族主义情感。

想要激怒天文学家[2]吗？那就把他们称为占星师吧。在美国国家航空航天局位于休斯敦的约翰逊航天中心工作的空间科学家温德尔·门德尔（Wendell Mendell）就是这样做的：

我承认，当看到学术界和占星师一道，坚持一项已经过时的分类标准时，我感到十分失望。

我很高兴有人在努力平息这场纷争。国际天文学联合会行星与卫星物理研究委员会主任戴尔·克鲁克香克（Dale Cruikshank）就持有中立的观点：

我个人认为，冥王星应该有双重身份。考虑到历史原因和它的物理性质，冥王星应该保留行星身份。但很明显，在我们现在所知的柯伊伯带的众多天体中，冥王星只是“头号天体”而已。

戴维·利维一向很重视科学家与大众的关系，他这样评论：

2.现在的职业天文学家，包括行星科学家，基本上是天体物理学家。他们都全面学习过数学和物理，并希望了解自然界的物理规律。因此，天文学家和天体物理学家这两个名称如今可以互相替换。不过，天文学家这个名称还联系着过去——它会让我们想起，天文学家以前只能通过望远镜观察天空，告诉我们某个天体在天空中什么位置，看上去是什么样子。

整体而言，我不同意双重身份的说法，因为对公众而言，这会把问题搞得过于复杂。

利维的这一评论与他在博物馆的冥王星讨论会上那种为公众着想的观点完全一致。就在此前一天，利维还发表了自己的看法，使人不得不怀疑他和冥王星有着很好的私人关系：

我认为，除非我们抵达冥王星，并找到确凿的证据，告诉我们那个星球自己不想被称为行星，否则，我们就不该做出改变。

我本人的研究方向主要集中在恒星和星系上。美国国家航空航天局艾姆斯研究中心的地质学家杰夫·穆尔（Jeff Moore）了解到这一点后，抓住我在太阳系相关领域中专业知识的欠缺大肆攻击：

泰森首先是个天体物理学家，他竟然来蹚这浑水，让我感到十分诧异。他这么做就像我作为行星地质学家，居然认为自己有资格把麦哲伦云[3]从小星系降级成

3.离我们银河系最近的两个星系是大麦哲伦云和小麦哲伦云。在南半球基本上可看到它们。探险家麦哲伦（Magellan）在环球之旅中把它们当成了云团。但后来，利用望远镜观察，人们发现，它们是在环绕银河系轨道上运行的“矮”伴星系。

光彩夺目的星团。仅从这一点来说，我觉得他说的那些全是一派胡言。

每次在文章中看到“一派胡言”这个词，我都会觉得很有意思。

再把话题转回到这场讨论，乔舒亚·基奇纳想起了一个与此十分相似的历史事件：

不难想象，在伽利略时代也有这样一群人，他们说：“从小大人们就教我，地球是宇宙的中心。为什么要改变这件事呢？我喜欢原来的说法。”

马克·基杰（Mark Kidger）在位于加那利群岛的天体物理研究所工作。他接着对柯伊伯带的海王星外天体给予了积极评价：

如果是在1935年而不是1992年发现了海王星外天体，我们可能就不需要进行这场辩论了。

短短24小时内，包括上述观点在内的许多评论都发布在了剑桥会议网上。这时，本尼·派泽礼貌地恳请我写一封公开信，对那些评论进行辩驳。网络上铺天盖地的评论令她难以冷静，看得出，她正努力克制自己的情绪：

对于您由于那个超前的决定而受到大量强烈的批评和指责，我深表遗憾。您的勇气令人赞叹。作为剑桥会议网的管理员，我一直努力确保这场争论在基于事实与证据的范畴内进行，所有对建议改变冥王星地位的网友的恐吓威胁行为，我从一开始就进行了抵制。

您是否愿意为剑桥会议网及其众多读者写一篇论述短评？请一定告知我。非常期待您的回复。

3.
争议四起

2001年2月14日，本尼·派泽决定转载《纽约时报》的整篇报道，包括我和美国天文学会行星科学分会主任马克·赛克斯的对话。一周前，在为那次对话记录写导语时，马克·赛克斯恐怕已经在担心《纽约时报》上刊登的那篇报道是否充分表达了自己的观点。因此，他向剑桥会议网提交了一篇900字的文章，直截了当地表达了他看到罗斯中心展览时的不满。他的观点表达得十分清楚：

……海登天文馆发生的事情，与其说是一个引发激烈争论的导火索，不如说是一个失败的公共教育案例。

行星展区的展示只起到了这样的作用：使那些发觉

展示内容与自己认识不符的人感到十分困惑……

……要想保证在科学上和教育上不出现任何纰漏，天文馆应该向公众明确表示他们赞成把冥王星开除出行星队伍，并应告诉公众，目前国际天文学联合会官方承认冥王星的行星地位。

这篇文章并没有被淹没在潮水般的评论中。孟菲斯大学天体物理学家格里特·弗斯胡尔（Gerrit Verschuur）对此予以驳斥，似乎被批判的并非罗斯中心，而是他本人：

读了马克·赛克斯的文章，我感到十分震惊……“在设计展览时，工作人员应理解并考虑到参观者期待的是什么。这样当参观者去参观时，他们就会看到他们期待看到的东西。”显然，按这种标准布展的博物馆不会起到什么作用。如果参观者看到的只是他们希望看到的东西，那么他们还不如留在家里。难道赛克斯的意思是，为了传播相关知识，在设计关于太空中不明飞行物的展览时，我们必须让参观者看到自己想看到的东西吗？比如，外星人在恒星间穿梭这样的一派胡言？……科学展览的目的显然是科普和教育，而不仅仅是符合参观者已有的观念和预期。

接着，弗斯胡尔对“天文学101”课程的授课发表了深度评论：

> 我相信，我们中大多数教过天文课的人，当发现冥王星出现在气态行星一章的末尾，甚至更糟——出现在类地行星的章节时，都会为如何授课感到十分困惑。

作为曾出版过5本天体物理学畅销书的作者，弗斯胡尔又发表了第二点深度评论，其中还提到了纯做科研的科学家与做科研的同时还将科学前沿传播给公众的科学家之间，那种错综复杂的关系：

> 在内心深处，许多职业天文学家仍对那些甘愿把时间花费在天文科普上的人存在偏见。从这个角度讲，问题或许就出在这场关于冥王星的争论是由一家天文馆引发的。

索诺马州立大学的天文学家菲尔·普莱（Phil Plait）指出了这场争论背后隐藏的荒谬之处：

> 这场辩论的焦点正是我们对“行星”一词的定义，而现在还没有这样一个定义。国际天文学联合会是一个由天文学家组成的国际组织，也是认定天体名称的官方机构。它没有给出行星的严谨定义，却宣布太阳系有九

大行星，冥王星为其中之一。然而，这种说法并不能令人满意。如果国际天文学联合会并不清楚什么是行星，它又怎么会知道一共有9颗行星呢？

4.
同行来信

像马克·赛克斯这样毫无顾忌地发表自己看法的人还有很多。我的许多同行在了解到我们对冥王星的展示方式后，都很随意地通过邮件直接向我表达他们对此事的看法。这些人并没有花什么时间进行深入调查，大多是在看到《纽约时报》2001年1月22日发表的那篇文章后，没过几天就把信发到了我的收件箱，也有一些人是在此后的几年中陆续把信发给我的。

罗伯特·施特勒（Robert L. Staehle）就职于美国国家航空航天局喷气推进实验室，该实验室位于加利福尼亚州的帕萨迪纳。他相信，我们肯定因布展中的疏忽大意而心怀愧疚，于是他坦率地写道：

出了什么事？是谁记错了吗？该怎样让冥王星回到它应在的位置上？

施特勒随后对自然界的一番评论，得到了我们的一致赞同：

> 最后，不管是冥王星还是外太阳系的其他天体，丝毫都不会在乎地球上的人给它们贴了什么样的标签。这些天体是客观存在的，它们固有的特质，展现出大自然演化的整个过程。无论一群严肃的科学家或我们地球上生活的任何生物给它们贴上什么标签，它们都完全不会在意。

任职于马里兰大学的迈克尔·埃亨，曾在2年前热心参加过我们组织的冥王星专题讨论。他从教学工作角度表达了自己的见解，他的见解很有洞察力：

> 我惊讶地发现，那些坚定支持保留冥王星行星地位的人，基本上都不是每天从事天文教育的人（他们既不用教学生，也不用向公众普及科学知识）。

蒂莫西·费里斯（Timothy Ferris）是一位畅销科普书作家。他很快就表态支持我们，认为我们的这个决定将会产生长远影响。他的表态很有预见性：

> 在这个问题上我不抱有任何偏见，尽管我本人很喜

欢克莱德·汤博。他是个好人，他的建议对我设计罗基希尔天文台非常有帮助。我回顾了整件事后，得出了结论：天啊，冥王星真的不是行星。所以，我觉得你们的做法是对的，作为科学引路人，你们做出了正确的选择，将起到长远的引领作用。

早在马克·赛克斯来纽约与我当面争论冥王星的问题前，他就发过一封电子邮件，表达了一直以来他对这件事的坚定态度。我们从这封信的字里行间能感受到他的愤怒与激情：

> 我记得这个话题最初是由布赖恩·马斯登在20世纪80年代末的一次聚会上当成一个笑话提出来的。现在看来，这个笑话说的就是你们的机构。不过很不走运的是，受害者是公众。少数人的观点可以很好地引发一场富有启发性的争论。不过，你们展览的目的是传播科学，正是因为没有做到这一点，你们才引起了争论。从另一个角度说，你们这是在默默地对行星科学家普遍认可的观点进行着错误的宣传。

如果没有艾伦·斯特恩的讽刺信，我的收件箱就称不上完整。展览风波发生几年后，我收到了他的邮件。邮件的主题是别的事情，但在附言部分，斯特恩的表达非常简洁和坚定，在句末他还加上了眨眼微笑的表情符号：

哥们，它就是颗行星。你只能接受这个事实。;-)

具有精湛的讲课技巧的杰出教育家、科学小子比尔·奈(图3.7)热衷语言学，他对行星科学领域急需的命名规则发表了意见，就像给我们上了一堂辅导课：

这场辩论的重要意义在于，它让所有人都开始思考行星问题，以及在行星问题上人类该把自己摆在什么样的位置。这件事非同凡响。全世界的人似乎都在为冥王星的问题大伤脑筋。

一个词语所包含的意思往往比它字面上的含义更多。用一个词语不可能说清楚所有内容。因此，我提议使用一些形容词。我赞成将冥王星、齐娜(或这颗星最终被确定的其他名称)、赛德娜以及其他一些天体，一概称为“行星”。然后，在教学时，我们就有可能为行星加上形容词或描述性短语：

“主平面行星”(那些运行在黄道面上的行星)

“冰矮行星”或“冥族行星”(与冥王星属于同一家族的球状冰质行星)

主平面这个短语容易表达，也容易记住。

如果还嫌上述讲解不够充分，那么别担心，比尔·奈接着又上了一堂简短的拉丁语课：

显然，在海王星外还有不计其数的“冥族行星”或“冰矮行星”。这些行星应该被描述成“海王星外行星(ultra-Neptunian)”。注意，我绝对相信，我的拉丁语老师会非常郁闷，因为我的许多天文界同行都把拉丁语“trans”理解成“超出，在……以外”。唉，“trans”的意思是“穿过”。有时，“trans”的衍生词也可以表示“超过”。但对我来说，“trans”和“ultra”这两个前缀的意思是不同的。古罗马人就是用“ultra”一词来表达“超出”的意思。希望天体命名委员会能意识到这一差异。

世界上从事系外行星[4]搜寻的天文学家很少，加利福尼亚大学伯克利分校的杰夫·马西(Geoff Marcy)是其中之一。为了避免引起麻烦，针对马克·赛克斯的观点，他只说了以下这段话：

他认为科学博物馆只应传达国际天文学联合会的思想。但在我看来，美国宪法并没有这样的规定，从富有创造性的科学论述中也找不到这样的说法。尤其在人

4.系外行星，围绕着除太阳以外的其他恒星运行的行星（可与系外生命相对应）。有时人们也会用较繁复的方式称它们为太阳系外行星。

们的观点明显倒向一边时，就更应鼓励人们对这个话题进行讨论。国际天文学联合会的已有政策及其固执的成员，不应成为掩盖冥王星真相的理由。

华盛顿大学的行星科学家唐·布朗利（Don Brownlee）直截了当地提出了反对意见：

> 将冥王星降级成柯伊伯带天体，这是一种科学上的修正主义，是对历史的恶意攻击。

当然，人们也可以把科学上的修正看成一件好事，这是进步与发现的标志。

美国国家航空航天局前任空间科学首席助理韦斯利·亨特里斯（Wesley Huntress）在华盛顿的卡内基学会地球物理实验室任主任时，曾写信给我。信的开篇是一段简短的告诫——他担心罗斯中心忽视了科学共识而刚愎自用，接着他表述了自己的观点，这其实与我们的想法没有区别：

> 世界之都的科学大本营不应使公众感到困惑。需要关注的问题是我们发现了越来越多的柯伊伯带天体，尤其是发现了那些比冥王星大的天体，它们还拥有自己的卫星。因此，我们需要一张新的太阳系“地图”，指引我们探索更广阔的星辰大海……我们的太阳系有两条环带，

其中含有多种多样的小天体。一条环带在火星与木星之间，其中有许多岩质天体；另一条环带从海王星外侧延伸至遥远的星际空间，一直到达奥尔特云，其中有很多冰质天体…… 因此，太阳系就包含一条小行星带和一条彗星带，其中的天体如果能在自身引力作用下维持成球体，就可以将它们称为小型行星，在小行星带中的可称为岩石矮行星，在柯伊伯带中的可称为冰矮行星。用另一种说法，它们就是小行星或彗星。谷神星是一颗岩石矮行星，冥王星是一颗冰矮行星，此外太阳系中还有八大行星。

这封信的结尾，亨特里斯就像一位明智的空巢老人那样表达了自己的想法：

有时候就该放手，让孩子们走自己的路。

5. 公众来信

当然，我的收件箱里不只有科学家发来的邮件。之前，我还收到过《纽约时报》、剑桥会议网、马克 · 赛克斯发来的邮件。而在飞向冥王星的“新视野号”探测器发射之前，我还收到过威尔·加尔莫（Will Galmot）发来的邮件，他也是第一个发现我们的展览中没有冥王星，并为此写信给我们的人。早在罗斯中心的冥王星事件被媒体捅出来的10个月前，这位敏锐的参观者就写了那封信。很明显，与博物馆开放后的第一个月里来参观的其他人相比，加尔莫先生要认真得多，而且他还认真研究了这个问题。图5.1是加尔莫先生简明扼要的来信。为避免我们不了解冥王星具体是什么样子，他还用美术工具，为布展人员提供了一幅冥王星细节图。

到了2001年的年中，每隔几周我就会收到几大包整理好的学生来信。递送这些信件的都是热心的老师，他们急切地想要告诉我，他们的学生在冥王星身份问题上的投票结果。2001年6月，来自内华达州拉斯维加斯的迪安拉马尔艾伦小学的老师费迪（Fedi）女士，在四年级班上组织了一次投票，结果90%的学生同意保留冥王星的行星地位，10%的学生反对。不仅孩子们这么想，连成年人，我的老朋友克雷格·马尼斯特（Craig Manister）在一场鸡尾酒会上都跟我抱怨："这就好像下床时意识到地板是硬的一样。"

几年过去了，通过各小学寄给我的信件，我注意到一种趋势。一大批对冥王星身份问题愤愤不平的孩子们渐渐长大，取而代之的是一开始就不知道太阳系有九大行星这一定论的新生。

2005年3月，华盛顿马里斯维尔的一位中学教师舍

亲爱的自然
博物馆

你们漏掉了作为行星的冥王星。
请为它制作一个模型。
它长这个样子。
它是一颗行星。

爱你的威尔·加尔莫

转到下页

冥王星的图
威尔·加尔莫画

我7岁了

图5.1

威尔·加尔莫的来信

迈·格雷（Chemai Gray）女士给我寄来一包信件。从中可以看出，对冥王星保有行星地位问题持支持态度和反对态度的各占50％，学生们大多会围绕体积和传统这些论据进行讨论。一年后，我又收到几包信件，其中包括同一个老师寄来的第二包信件。可以看出，孩子们已经知道柯伊伯带，以及太阳系中冰质天体和岩质天体的差异。他们还大致了解了圆轨道和椭圆轨道的概念。来信大多比较理性，不再充满情绪化的语言。2006年年末，我收到的来信中支持把冥王星踢出行星行列的比例已达90％，反对的只占10％左右。

当然，还有很多人给我发来电子邮件，表达他们对这一事件的看法。

有怒气冲冲的来信：

2005年2月13日，晚上10:50

我不理解你试图把冥王星降级成非行星的做法。

我今年59岁，看着科幻片《年轻宇航员汤姆·科贝特》长大。尽管我已经历过生活中的太多变化，但我仍然确信一件事，那就是太阳系有九大行星，其中最小最远的那颗行星是冥王星。

拜托你不要招惹它。

丹·伯恩斯（Dan E. Burns）

有的来信显示，“孩子应该成为引领者”：

2004年11月18日，美国东部夏令时间晚上7:09:13

我叫约翰·格利登（John Glidden），今年6岁了。我最喜欢的行星是冥王星。我不赞成你说冥王星是柯伊伯带天体。我认为冥王星是一颗真正的行星，我还拉了11张支持票。我的疑问是，你觉得冥王星是什么？

行星

双重属性的行星

柯伊伯带天体

既是行星也是柯伊伯带天体

我认为它是双重属性的行星，大家也都认为它完全是一颗真正的行星，一颗很冷的行星。

昨天，学校放了半天假，妈妈带我去了自然博物馆和海登天文馆。我想见你一面，这样就可以把我的想法亲口告诉你。

约翰·格利登

有的来信，半开玩笑地劝我妥协：

1999年1月28日，周四，7:45:58

得了，尼尔，拜托你不要再搅和冥王星行星地位的事了。

别再用新规定限制这个小家伙，接受现实吧。(假若谷神星对此有异议，就给它一个荣誉称号之类的东西。) 原因就是，剥夺冥王星的行星地位，等同于剥夺美国第一任总统华盛顿 (Washington) 的公民身份——华盛顿出生的时候，美国还不是一个国家呢。

不管怎么说，这一变化要付出很大的代价。大概有上千套刚刚发行20年的百科全书会下架。如果这么做的话，影响到的经销商数量将会非常之大，肯定会引起社会动荡。

史蒂夫·利斯 (Steve Leece)

还有的来信，委婉地指责我们毫不顾忌人文方面的问题：

2004年12月6日，美国东部夏令时间晚上9:06:50

小孩或侏儒虽然个子很小，但你能说他们不是人吗？当然不能。尽管他们与成年人的正常标准存在差异，但毫无疑问他们是人。你说冥王星不是行星，就如同说小孩或侏儒不是人一样。

布鲁克·艾布拉姆斯 (Brooke Abrams)

还有的来信，透露了写信人的顽固不化：

2003年11月13日，美国东部夏令时间早上9:01:07

我说冥王星是行星，它就是行星。冥王星是行星，这是我从小到大就知道的事情，这一点毫无疑问。我们竟然还要为此给你们这些组织写信，可你们根本不在乎我们在想什么。

琳赛·格林 (Lindsey Greene)

这些有意思的来信，我一连读了好几个月。但我无法预料的是，对我的人身攻击才刚刚开始。

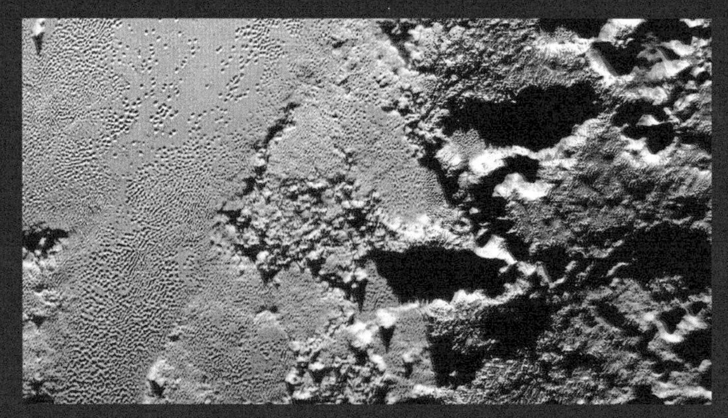

斯普特尼克平原以东的高地

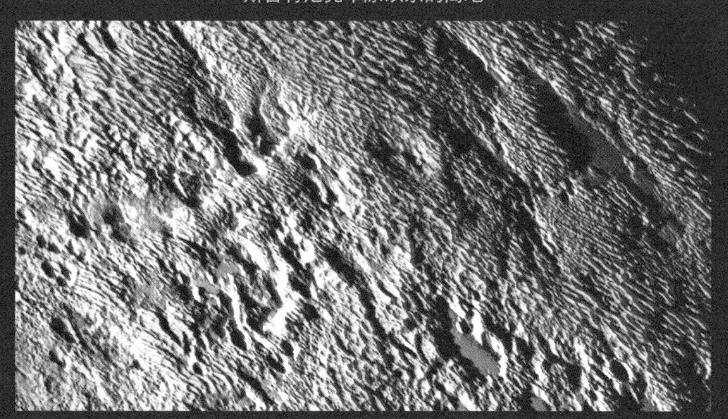

汤博区以东的山脊结构细节

汤博区以东的山脊构成了冥王星赤道附近的奇特地貌

六

终审判决

1.
行星新类别

国际天文学联合会经过2年的委员会评议，仍无法就到底该如何定义行星达成一致。于是，联合会特别设立了行星定义委员会，看看这个委员会能否将其他人没能办到的事做好。这个新的委员会一共有7人，其中包括5位科学家、1位记者和1位科学史专家。在捷克首都布拉格举行的国际天文学联合会大会召开前，他们一起开了2天会，目的是进行认真思考，确定在他们看来最好的解决方案，这一方案应考虑到包括冥王星在内的所有相关的天体类型。2006年8月16日，委员会向国际天文学联合会全体会员建议，如果要将一个天体正式确定为行星，必须满足的条件包括：(1)绕恒星运行，而非绕其他行星运行；(2)自身引力足够大以使它成为球体，但也不能太大，否则会在其内部触发核聚变，从而使它成为恒星。在该定义下，冥王星仍是一颗行星，不仅如此，另外3个天体一下子也被划入了行星行列：谷神星、冥卫一和阋神星。毫无疑问，今后还将会有更多的天体加入行星行列。

国际天文学联合会行星定义委员会的7位成员分别是：巴黎德尼·狄德罗大学的行星科学家与科普作家安德烈·布拉伊克（André Brahic）、伦敦大学玛丽皇后学院行星理论家伊万·威廉斯（Iwan Williams）、日本国立天文台公共关系部主任渡边淳一（Junichi Watanabe）、麻省理工学院行星科学家理查德·宾泽尔、欧洲南方天文台台长兼国际天文学联合会会长候选人凯瑟琳·塞萨斯基（Catherine Cesarsky）、畅销科普书作家兼记者戴瓦·梭贝尔（Dava Sobel），以及哈佛大学天文学家兼科学史专家欧文·金格里奇（Owen Gingerich），他也是行星定义委员会主席。

尽管委员会成员中包括宇宙学专家，这一点毋庸置疑，但这些成员中却没有一个人专门从事柯伊伯带天体和太阳系外行星的发现与分析工作。这两项是行星科学领域的前沿课题，可以使人们对我们居住的太阳系有日益深入的认识。柯伊伯带的发现者戴维·朱伊特和刘丽杏都没有被选入委员会。从他们的评论和反应就能预料到，这必定会导致后续的意见分歧。

从国际天文学联合会公布提案，到正式投票前的那一周里，委员会所推荐的行星定义中的“球体标准”得到了媒体的广泛关注。参加美国有线电视喜剧中心频道的节目《科尔伯特报告》时，我把这个消息告诉了看起来极为保守的主持人斯蒂芬·科尔伯特(Stephen Colbert)。科尔伯特一直支持冥王星，但他也深感不安，因为如果呈球体的天体都可以是行星，那么这意味着“什么天体都可以是行星”，而如果“什么天体都可以是行星，那么是不是行星也就没有什么意义了”。很多人都与他一样担忧，认为这样的结果简直是“使地球失去了作为行星的特别之处”。他随后嘲讽起太阳系另外3个行星候选者，从冥王星那圆溜溜的卫星冥卫一开始：

> 嘿，冥卫一，你的轨道可真长呀。每过248年才能过一次圣诞节，而且就算到了圣诞节，你能得到的礼物也只是一对耳套而已，因为你那里实在太冷啦！

接下来是谷神星，它是最大也是唯一一颗圆溜溜的小行星：

> 嘿，谷神星，你知道吗？他们说你是一颗行星，可我们都知道，你不过就是一颗又大又胖的小行星。对吧，你实在太丑了，所以上帝才要把你藏在小行星带里！

最后一个，是当时还未被命名的柯伊伯带冰质天体2003 UB313，它后来被命名为阋神星：

嘿，2003 UB313，如果这是你的真名，那你肯定就不是行星了，你只是一颗慵懒的彗星吧。你妈妈太可怕了，怎么给你取了这样的名字，2003 UB313。

2.
终审判决

回到现实中，国际天文学联合会大会的与会人员针对行星定义中的球体标准，进行了激烈的辩论，由此产生了判断是否为行星的两条附加标准：(1) 这种球状天体不能绕另一个比它更大的天体运行，以免人们把冥卫一视为冥王星的伴星；(2) 这种球状天体能清除自己轨道上杂乱的碎片——这是对冥王星的致命一击，因为它的运行轨道上有数不清的凹凸不平的柯伊伯带冰块。按照这些标准，太阳系大家族中的行星只有8颗，而不是9颗或12颗。凑巧在2006年8月16日，我的朋友兼博物馆的同事史蒂文·索特尔（我从1998年开始关注冥王星问题就是因为这个家伙）向期刊投递了一篇题为《何为行星？》的研究论文，文中对天体如何才算清空自身的轨道进行了量化分析。[1]这项标准是辨别的关键，因为如果不对清空轨道进行定量描述，以这

1. 史蒂文·索特尔：《何为行星？》，载《天文学杂志》，132，2006年，2513-2519页。也可见《何为行星？》，载《科学美国人》，296(1)，2007年1月，20-27页。

一约束条件进行判断就会变得很随意。如前文所述，地球在绕日运转的过程中，每天都会从大量杂乱的流星体间穿行，这些流星体加在一起的质量可达几百吨。如此一来，地球能算清空自己的轨道了吗？显然没有。我们的目标是估算可清除碎片的总质量，并将它与所讨论的行星质量相比较。如果碎片总质量相对来说不大，就可以认为该行星已经清理了自己的轨道，或认为它主宰了自己的轨道。否则，就只能认为该天体是碎片中的一员。

举例来说，地球的质量远大于可能会撞击它的碎片的质量总和。按照地球每天穿行经过的碎片量计算，如果地球运行1,000万亿年(1,000,000,000,000,000年)，最终它的质量只会比最初增加2%。1,000万亿年比目前宇宙年龄的10,000倍还长。相比之下，不计其数的柯伊伯带彗星的总质量，至少在冥王星质量的15倍以上。

在国际天文学联合会最初给出的球体定义中，清除轨道可谓当时仓促增加的一条判别标准。而史蒂文·索特尔的论文，刚好对这条临时增加的标准给出了深入分析。一开始，这篇论文由我和索特尔合作撰写；但后来(很惭愧)，他独立完成了论文95%的内容，我则被行政事务缠身。于是，我退出了第二作者的位置，不过还是十分荣幸地在这篇论文的致谢部分被提到。

在布拉格，国际天文学联合会大会进行的同时，记者们焦急地等候在会议大厅外——会议现场谢绝媒体入内。

图6.1

第26届（3年一届）国际天文学联合会大会在捷克首都布拉格举行，参会人数达2,500人。在会议的最后一天（2006年8月24日）还剩下424人，他们参加了关于新的行星定义的投票。根据新的行星定义，冥王星将不再是行星。会议以压倒性多数票（90%的人支持）通过了修订后的行星定义（冥王星不符合修订后的行星定义），正式将冥王星“降级”成矮行星

他们安静地等待着，这种气氛只有在人们急切地等待新教皇选举结果时才会出现。在这整整一周中，我的电子邮箱每天收到的邮件里，单是询问冥王星问题的邮件就有100多封。发件人既有热心的市民，也有希望我发表评论的新闻媒体。2006年8月24日的最终投票后，经过修订的行星定义就此产生，这也意味着冥王星身份的改变：

冥王星被正式降级为“矮行星”。

424位投票者中，超过90%的人支持冥王星降级。(完整的国际天文学联合会5A号决议见附录C。)这项将冥王星降级的评判标准，也将谷神星从小行星升级成矮行星。当时刚发现不久的柯伊伯带球状天体——阋神星，也随冥王星一起加入了矮行星行列。

这时候，我的电子邮箱每天收到的关于冥王星的邮件已经有200封左右。邮件主题五花八门，内容都带着反讽意味:“看看你干的好事!”“祝贺你赢得了‘冥王星不是行星’这场辩论的胜利”，以及“如果你觉得冥王星依然是行星的话，就鸣笛庆祝吧”。还有许多主流媒体给我打电话或发邮件，想了解我获悉这项决议后的反应。而那个星期我恰好和家人在海边度假，无法接受任何采访。因此，我没有受到蜂拥而至的媒体的影响。

几个星期之后，在接连不断的讨伐邮件中，出现了一两封支持我的邮件:

2006年10月27日，美国东部夏令时间下午2:56:24

我必须写这封信……自从听到了一些在我看来犹如清流的分析后，自从花了大量时间沉浸在乌烟瘴气的哲学辩论后。

伊恩·斯托克斯(Ian Stocks)，克莱姆森大学

接下来的一则评论并没有直接发送给我，而是发布在了天文馆专家们的网络聊天群“L号穹顶”上。该聊天群的成员此前表示，由于我们博物馆对冥王星的展示方式与国际天文学联合会发布的公告不符，天文馆联盟反对我们的做法；而在国际天文学联合会正式将冥王星降级后，该组织仍然持反对意见——这回是他们无视国际天文学联合会的决议。这种表现透露出他们内心的偏见，这样的偏见使他们不愿去做理性的讨论。

2006年8月31日，美国东部夏令时间下午3:26:12　　收件人：L号穹顶

请原谅我的无礼。不过在我看来，对于国际天文学联合会所做的决定，一些人的回应非常可笑。更为可笑的是，对国际天文学联合会决议感到最愤怒的一些人，正是那些谴责尼尔·泰森在美国自然博物馆关于太阳系的展览中遗漏了冥王星的人。

当初，那些人嘲讽泰森在展览中遗漏冥王星，公然冒犯它的行星地位，而这一地位是国际天文学联合会认可的；如今国际天文学联合会把冥王星降级，他们却向所有关注他们的人保证，他们在自己的天文馆展览中仍将把冥王星视为行星。这种扭曲的做法，难道不是很奇怪吗？

在我看来，这可有些表里不一……

迈克尔·纳洛克(Michael J. Narlock)

一些人在反对冥王星的激情下，变得有些忘乎所以：

2006年8月27日，美国东部夏令时间下午2:48:26

不管怎样，冥王星都算不上一颗行星，我们总算摆脱了“太阳系垃圾”。不过，既然没有行星叫冥王星了，那么不如把天王星重新命名为冥王星，免得小学生们窃笑。

霍华德·布伦纳（Howard Brenner）

还有人逮住机会，公然抨击那些善良科学家的协商能力：

2006年8月27日，上午07:40

这次事件是一个极为典型的例子，从中可以看出，为什么科学家和技术专家一般不适合做政治家。

戴夫·赫勒尔德（Dave Herald）

澳大利亚堪培拉

在收到电子邮件的同时，通过邮局寄来的信件纷至沓来。2000年时那批怒气冲冲的三年级学生如今已经升入高中，他们更容易被其他事（如青春期困扰）分散精力。不过，就像前面提到的那样，总有一批新的小学生填补这个空缺。在美国宾夕法尼亚州曼斯菲尔德，沃伦·米勒小学教师

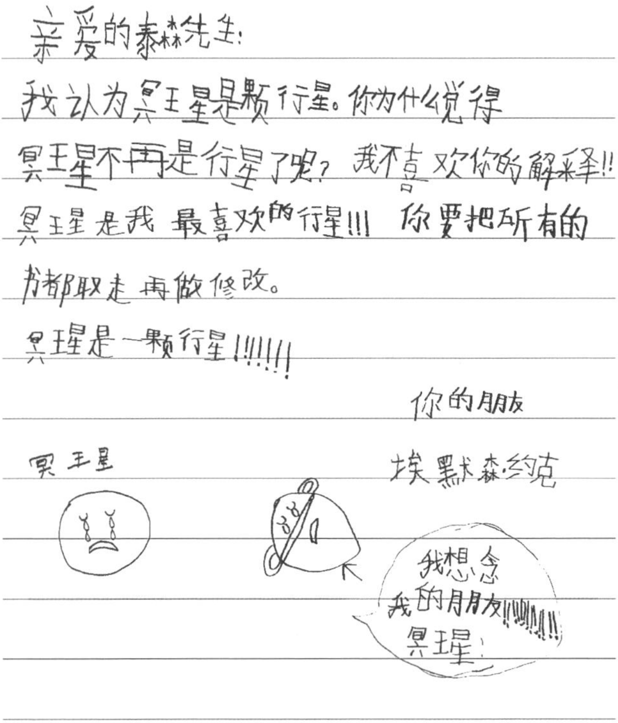

亲爱的泰森先生:

我认为冥王星是颗行星。你为什么觉得冥王星不再是行星了呢？我不喜欢你的解释!!

冥王星是我最喜欢的行星!!! 你要把所有的书都取走再做修改。

冥王星是一颗行星!!!!!!

你的朋友

埃默森·约克

冥王星

我想念我的朋友!!!!!!!!!! 冥王星!

图6.2

埃默森·约克的来信

黛比·多尔顿（Debbie Dalton）女士三年级班上的学生们写了一大包信寄给我。这些信件中，埃默森·约克（Emerson York）最擅长表达自己的感受，他在信的结尾连用了7个感叹号，然后画了一颗正在哭泣的冥王星（图6.2）。

在这些“愤怒的孩子们”发来的信件中，我最喜欢的信，是佛罗里达州普兰泰申市的玛德琳·特罗斯特（Madeline Trost）于2006年9月19日寄来的。她在信封上写的收件人是我本

亲爱的"伪科学家"：

如果冥王星不再是颗行星，那你怎么叫它呢？如果你让它重新变成行星，那所有有关科学的书就都没问题了。冥王星上有人住吗？如果有人住在那里，他们将不会离开。冥王星为什么不能是行星？即使它再小也不表示它就不能再当行星。有的人喜欢冥王星。如果它退出，那这些人就没有最喜欢的行星了。请回信，不过不要写连笔字，因为我看不懂连笔字。

你的朋友

玛德琳·特罗斯特

图6.3

玛德琳·特罗斯特的来信

人，而在信的开头则直率地把收件人称为“亲爱的‘伪科学家’”(图6.3)。信中，她对我的正直进行了一番攻击后仍不满足，在信的结尾还恳请我宽容她的缺点。我还收到过一封孩子写的控诉信，只不过这个孩子有点儿大，她是拥有美国自然博物馆会员证的正式会员。她也想教我一些有关冥王普鲁托的神话故事(图6.4)。

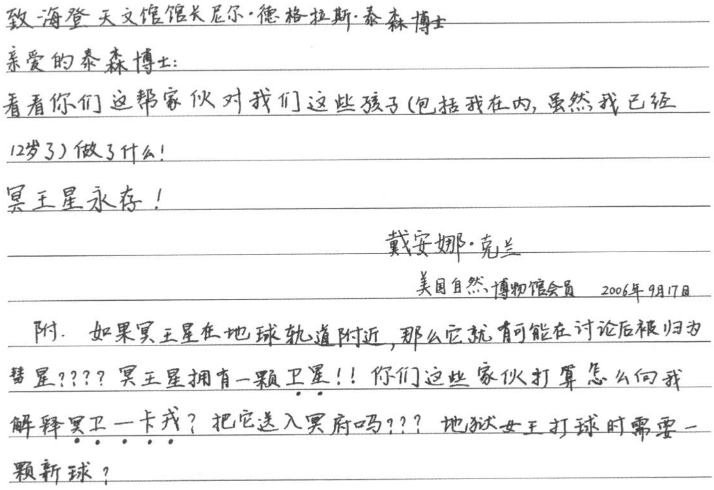

致海登天文馆馆长尼尔·德格拉斯·泰森博士

亲爱的泰森博士:

看看你们这帮家伙对我们这些孩子(包括我在内,虽然我已经12岁了)做了什么!

冥王星永存!

戴安娜·克兰

美国自然博物馆会员　2006年9月17日

附. 如果冥王星在地球轨道附近,那么它就有可能在讨论后被归为彗星???? 冥王星拥有一颗卫星!! 你们这些家伙打算怎么向我解释冥卫一卡戎? 把它送入冥府吗??? 地狱女王打球时需要一颗新球?

图6.4

戴安娜·克兰(Diane Kline)的来信

3.
登上新闻头条

就报纸上的文章而言,记者们写的报道,标题几乎都不是自己起的,这一任务通常属于后台办公室里的人。对冥王星和它被降级,紧要任务是把这个事件当成笑料,想出一个引人注目的新闻标题,对于娱乐小报来说这尤其重要。最终,一些报道脱颖而出,其中包括《亚特兰大宪法日报》于2006年8月16日刊发的《被谋划的行星地位》。由于人们对2000年佛罗里达州因计票错误而备受争议的那场总统竞选仍然记忆犹新，《圣彼得堡时报》于2006年8月22日刊登了标题为《冥王星的争议选票》的报道。

以上这些，都是真实的新闻标题。

人民立方体网效仿《纽约时报》头版的新闻标题，罗列出一系列好笑的冥王星创意标题（标题下附有模糊处理过的文字），反映了美国当时流行的政治观点和文化观点。2006年8月26日的页面开头就是：

《纽约时报：冥王星危机特刊》

从标题中我们注意到，美国国会可能已经插手冥王星被降级一事：

《联邦政府资金短缺引发太阳系缩水》

我们进一步了解到，冥王星降级对银河系的其他区域产生了潜在影响：

《冥王星的相关决议对太阳系的临近星系造成冲击》

而当天的新闻如果少了党派之争，则将显得很不完整：

《随着对海王星外天体命运的关注度逐渐提升，
共和党表示拒绝对冥王星提供援助》
《冥王星被驱逐是否有助于民主党赢得大选？
总统候选人要求重新清算小行星数量》

还有对时任总统的指控：

《美国国家航空航天局：总统已获悉冥王星的引力不够大》
《“驱逐”冥王星的指令可能来自总统的政治顾问》

美国与委内瑞拉的紧张关系也没有被忽略：

《委内瑞拉总统承诺，将把石油送往冥王星》

中东地区从来不会被略过：

《伊朗总统为冥王星辩护，威胁将报复以色列》

还有移民问题引发的政治新闻：

《总统候选人表示，
如果成功当选将承认小行星的“行星”身份》

还有对偏见问题持续的声讨：

《“大行星主义”正在国家天文台蔓延：
举报者指出，对小个子“女性”行星存在偏见》

还有一些与此相关的小标题：

《共和党人对矮行星和小行星在晋升上遭遇的无形障碍不予理会》
《民意调查：大多数美国人认为黑洞受到了歧视》
《冥王星裁决激怒矮个子和侏儒：“矮行星投票”联合诉讼文件被递交至法院》

这些新闻标题并不只是对新闻的搞笑编造，更是当代美国社会的真实写照。

以专栏文章和写给编辑的信而论，报纸也可被视为每天记录公众情绪的载体。2006年9月3日的《休斯敦纪事报》上，兰迪·莱特（Randi Light）写道：“在一群天文学家投票表决后，冥王星不再是一颗行星。但我也听说，冥王星今后将成为独立天体了。”同一天，波特兰西南部诗人迈克·马尔特（Mike Malter）写的一首诗发表在《俄勒冈人报》上：

亲爱的冥王星：

那是个坏消息，

你最近被降级真是糟糕。

地球上的科学家改变了你的形象，

他们小看了你的身材，降低了你的级别，

小家伙，我认为你曾经拥有过。

美国马里兰州埃利科特城的吉恩·洛尔诺夫斯基（Gene Lolnowski）对美国的让步深感担忧。2006年8月31日的《今日美国报》上，他写道：“在今天的美国，我们的传统观念受到了极大冲击。国际天文学联合会试图搞乱太阳系的传统结构。这场闹剧何时才能收场？关于冥王星的这个决议必须重新修订。传统必胜。”

美国伊利诺伊州巴顿维尔的马拉·沃伦（Marla Warren）十分担心冥王星的情绪是否稳定。在2006年8月28日的《纽约时报》上，他写道：“我可以接受剥夺冥王星行星地位的理由。但你们有必要贴上针对它个头的负面标签，来侮辱它吗？无论在哪种天体的名字前加上‘矮’字，都会严重地伤害它的自尊。我提议使用一个更正面的类别名称，比如，副行星、准行星或受训行星。”

4.
科学还是民主？

尽管四面楚歌，但我对国际天文学联合会的最终投票结果并无兴趣。就像我之前提到的，博物馆斥资2.3亿美元在纽约建设的罗斯地球与空间中心，没有按天体是否被正式认定为行星去展现太阳系。因此，我们对展馆的设计理念，基本不会因布拉格大会产生的决议而受到影响。

我想提醒读者的是，国际天文学联合会通常不会对科学概念进行投票，不管这个概念是不是热门话题。他们通常只对不会引起争议的事件进行投票，比如天体命名规则这类使我们交流时意思更清晰、表达更一致的事情。科学并不是靠民主投票决定的。就像一句经常被引用的话（据说是伽利略说的），一千个人的权威也抵不上一个人谦卑的推理。然而国际天文学联合会在冥王星降级问题上的表决，无疑更像试图以民主的方式解决这一问题。投票立即招来很多行星科学组织的强烈抗议。一些抗议者给出了这样的理由：参与投票的424位天体物理学家，并不能代表与会的2,000多位天体物理学家，也不能代表国际天文学联合会的上万名会员。还有一些人抱怨，国际天文学联合会没有留出充分的时间来仔细考虑决议草案。

还有些人立刻采取行动——其实是马克·赛克斯带的

头。他们在网上散发请愿书，这样一旦有国际科学家组织不满国际天文学联合会的投票表决结果，就可以通过这种方式提出抗议。下面的内容是这份请愿书的全文，其内容可称为简洁表达的范例：

> 抗议国际天文学联合会行星定义的请愿书
>
> 作为行星科学家和天文学家，我们不同意国际天文学联合会的行星定义，也不会采用该定义。我们认为有必要提出一个更好的定义。

在国际天文学联合会的投票表决后，有5天时间留给科学家在这份请愿书上签名。共有304位科学家签名请愿。在签名截止日期后的第二天，也就是2006年8月31日，请愿者们发布了一篇新闻稿。新闻稿开篇的文字就十分犀利：

> 我们收集到了大量行星科学家和天文学家的请愿签名，这足以让人们严正质疑，国际天文学联合会采用的行星定义是否存在根本缺陷，这个定义的产生过程是否也存在问题。

随后，新闻稿用较长篇幅，介绍了参与签名科学家的显赫行星科学背景。接着，新闻稿呼吁公众再次共同努力，去确立新的行星定义。在请愿活动的最后将举行一次会议，

“目的不是看谁取得了胜利，而是希望达成一种共识”。这篇新闻稿由亚利桑那州的行星科学研究所和科罗拉多州的西南研究院共同签署发布。

没人知道这次请愿的最终结果会是什么。2006年在布拉格举行的国际天文学联合会大会上，投票反对冥王星作为行星的人比在请愿书上签名的人还多。这些请愿者关注的主要问题是：参与大会投票的424位科学家仅占全球天体物理学家总数的4%，那他们怎么能代表整个天体物理学家群体做出明智的判断呢？从表面上看，这一论调似乎有道理，但大多数民意调查机构都会根据占全部人口4%的样本给出他们的调查结果。

因此，这一问题应该换成：如果让全世界的天体物理学家来投票，结果与之前投票结果不同的可能性有多大？做一下简单的数学计算就可以发现，投票的不确定度小于3%。这意味着，如果让全世界的天体物理学家来投票，有95%（统计术语是2σ）的可能性是，得到的投票结果与在布拉格会议的得票统计相比，变化幅度不超过3%。在这一计算中，我们假设424位科学家是随机抽样的样本。没有理由出现其他假定的情形，除非希望冥王星保留行星地位的人特别提出比反对保留行星地位者更强有力的理由。因此，支持冥王星降级的投票者所占90%的比例，真有可能如一些人期待的那样，比所有人都来投票时的比例低。

还可以另一种方式考虑这个问题：假设签署请愿书的

人中，没有一个是布拉格大会上那10％支持冥王星行星地位的投票者。当然，这一假设与实际情况不符，但它能从数学角度给出一个相当重要的极限值。在布拉格大会上，只有42人投票支持冥王星保留行星地位。加上在请愿书上签名的304人，全世界共有约350位专业人士支持冥王星拥有行星地位。这一数据只是全世界天体物理学家总数的3.5％。当然，没有参加投票支持某件事，并不代表投票反对某件事。大部分天体物理学家可能不大关心这一问题，因而根本没有发表自己的意见。就像我在第二章讲到的那样，冥王星在美国普通公众心中的地位非常特别，在美国科学家心中似乎也是这样。在赛克斯面向全球发起的请愿书上签名的人中，只有不到20人（约占总签名人数的6％）来自美国之外的科研机构，而国际天文学联合会中超过2/3的科学家不是美国人。[2]

上述分析并非要拿请愿书和投票结果来一决高下，我们希望看到的，正如赛克斯所倡导的，是寻求共识。在取得共识前，谁都不应该定义任何事物。

2.《国际天文学联合会会员的地理分布》，载国际天文学联合会网站。

七 矮行星冥王星

1.
来自各界的质疑

冥王星新的矮行星身份不可避免地影响了整个世界。2006年8月25日，也就是国际天文学联合会投票表决的第二天，成为行星日历的新起点。这一天之前的日子都是“矮行星纪元前”（BD, Before Dwarf），之后的日子都是“矮行星纪元”（AD, After Dwarf）。

国际天文学联合会投票后，比尔·奈立刻给我回了一封新邮件，阐述了他对这一事件最新进展的批评意见：

> 国际天文学联合会目前将冥王星定为“矮行星”的决议将是一张废纸。因为定义“行星”一词，是为了说明类似冥王星这样的天体不是行星——这是国际天文学联合会为迎合多数人而在定义时出现的明显失误。

持有这种看法的人不止比尔一个。尽管这种大家普遍理解的意思并非国际天文学联合会的本意。他们在“行星”前添加“矮”字，是参照天体物理学家过去的做法：在矮星系(仍是星系)和矮星(仍是恒星)中都使用了“矮”字。然而这无济于事。所有人都认为是国际天文学联合会谋杀了冥王星。

在由冥王星降级所带来的纷争中，歌手兼作曲家乔纳森·库尔顿(Jonathan Coulton)模仿一往情深的冥卫一的口吻，为冥王星创作了一首颂歌，名为《我是你的卫星》。[1]歌曲一开始就提到了冥王星没有光环系统。当然，这并不是判断行星的标准，库尔顿只是用它来做铺垫：

> 他们捏造了一个理由。
> 这正是痛苦的来源。
> 他们觉得你不重要，
> 因为你没有漂亮的光环。

接着，歌曲以诗一般的语言，控诉了那群卷入纷争的天文学家们的傲慢和专横：

> 让他们重新给太阳系洗牌吧。
> 看着天文学家们翻来覆去。
> 我们原本就置身事外，

1. 乔纳森·库尔顿：《我是你的卫星》，载乔纳森·库尔顿个人网站，2006年。

超出了他们所知的疆界。

副歌部分抓住了一个重要事实，即在太阳系所有行星的卫星中，作为卫星的冥卫一与主星冥王星大小最接近，这使冥卫一也可以深情地称冥王星为它的卫星：

我是你的卫星。
你是我的卫星。
我们不停地转啊转。
这里与世隔绝，
远离争斗，
那些纷扰看起来如此微不足道。

浪漫之余，库尔顿直接转回现实：

看到日出越发伤感。
这里实在太过寒冷。
冰封的寂静，漆黑的夜空，
我们相互环绕年复一年。

这首歌里，我最喜欢的部分类似自我心理救助治疗中可能出现的话语：

答应我，你会永远铭记，

你是谁。

你原本是谁。

那个他们不再承认你的身份之前原本的你。

这绝对是两个没有生命的天体间，传递过的最富感情的话语。

另一首灵感源自冥王星的歌曲，由杰夫·蒙达克（Jeff Mondak）与亚历克斯·施坦格尔（Alex Stangl）创作。[2]这首歌的名字直白、简洁，叫《冥王星不再是行星》。蒙达克先生住在美国伊利诺伊州尚佩恩，是一位儿童诗作家和词作家，同时还是伊利诺伊大学教授。施坦格尔先生住在加拿大安大略省的彼得伯勒，是歌手、作曲家和音乐家，也是音乐制作人。此前，他们两位已经合作创作过很多歌曲。这次，他们接受尚佩恩市巴克斯托尔小学学生的建议，创作了歌曲《冥王星不再是行星》。

这首歌曲调欢快，歌词朗朗上口。歌词中反复出现"冥王星不再是行星"，这样整个教室的孩子都能够齐声高唱这一句。下面是我最喜欢的两段歌词：

天王星或许很有名，

2.杰夫·蒙达克，亚历克斯·施坦格尔：《冥王星不再是行星》，载"杰夫给孩子们的诗"网站。

不过水星热情似火。
冥王星曾是颗行星，
但不知为何它已不再是。

海王星有些紧张，土星有些忧伤。
木星疯狂地跳上跳下。
曾经的九大行星只剩下八颗，
冥王星不再是行星。

歌曲结尾处理得十分巧妙：

他们在布拉格开会表决，
现在已经把冥王星降级。
哦，冥王星不再是行星。

作曲家用拟人化的手法为矮行星创作歌曲，这正是晦涩的主题，或者说任何主题，已经进入流行文化领域的标志。另一个最好的标志就是幽默大师把这一主题当成笑话的素材。大家只有了解笑话的内容和背景，才会觉得这个笑话很好笑。这样喜剧作者就能跳过介绍背景环节，进一步讲出新鲜有趣的段子。你听说过以水星为主题的、令人拍案叫绝的笑话吗？海王星的笑话呢？离太阳最近的恒星系统——南门二的笑话呢？很难说我曾经听过哪个关于它们的笑话。但幽默大师当然不能错过这个笑料——那些学识渊博的科学家争论冥王星问题时就像一群孩子。更何况，无论是幽默大师还是其他什么人，谁又能不受有趣的冥王星形象影响呢？它既是一颗行星，又是一颗非行星；它还是一只小狗，一只低人一头的小狗；更何况它还是一个冰球。

正如我们之前在媒体报道的新闻标题中所看到的那样，冥王星的降级打开了一扇窗，让我们看到社会文化现状是怎样的。这种文化现状融合了多样化的主题，包括党派政治、社会抗议、名人崇拜、经济指标、学术教条、教育政策、社会偏见，以及沙文主义。

2.
汤博故乡的反抗

各地议会的议员们似乎不知道该拿自己的时间干点儿什么，在美国至少有两个州的议会决定自行处理冥王星问题。在冥王星发现者克莱德·汤博的家乡新墨西哥州，夜空十分清朗，因而这里建有许多世界级的天文观测设施，包括阿帕奇天文台、甚大阵、马格达莱纳岭天文台，以及美国国家太阳观测台（位于新墨西哥州太阳黑子镇）。该州议会认为，国际天文学联合会很不公正，他们侮辱了冥王星，也连带侮辱了伟大的新墨西哥州。于是，2007年3月8日，第48届州议会根据议员乔尼·玛丽·古铁雷斯（Joni Marie Gutierrez）提出的议案，通过了一项共同纪念法案：宣布冥王星在该州范围内为行星，并将2007年3月13日定为全州的“冥王星行星日”（全文见附录D）。

法案并没有充斥愤愤不平的抱怨。通过其中几个以“鉴于……”开头的段落，我们可以从中了解到一些天文知识。[3]

鉴于，冥王星被认定为行星的时间已经长达75年；

鉴于，冥王星以太阳为中心的平均轨道半径为3,695,950,000英里（约5,948,054,957千米），冥王星的直径约为1,421英里（约2,287千米）；

鉴于，冥王星有3颗卫星，分别为冥卫一（卡戎）、冥卫二（尼克斯）和冥卫三（许德拉）；

鉴于，2006年1月发射的“新视野号”探测器，于2015年探测冥王星；

不过，我对下面的问题还无法确定。要是我在新墨西哥州的公共剧院中大喊“冥王星不是行星！”，会不会因此而被捕？

加利福尼亚州在冥王星相关法规的问题上，显然比新

3.法案中的数据基于法案起草时的冥王星相关资料，此后冥王星的直径又经过了重新估算，冥王星的其他两颗卫星也相继被发现。——编者注

墨西哥州更为超前。2006年8月24日，在布拉格进行的对冥王星降级问题的投票刚刚结束几分钟，加利福尼亚州议会就已经准备好了一项议案进行审议。尽管最终没能通过，州议员基斯·里奇曼（Keith Richman）和约瑟夫·坎西亚米拉（Joseph Canciamilla）仍然到处热情地介绍该议案。这个名为HR36的议案（全文见附录E）认为国际天文学联合会“心胸狭隘”，并严正谴责国际天文学联合会剥夺冥王星行星身份的决议，理由是这一决议给加利福尼亚州民众和该州“财政的长期健康运转”造成了“巨大影响”。

给加利福尼亚州民众造成巨大影响？这样的内容就夹杂在一系列的“鉴于……”之中：

> 鉴于，冥王星的降级会对部分加利福尼亚州民众造成心理伤害，使这些人怀疑自己在宇宙中的位置，并担心宇宙常数不稳定；

加利福尼亚州财政的健康运转？这个问题是由该州的教育体系问题牵出的。

> 鉴于，冥王星的降级会导致无数教科书、博物馆内的展览和儿童冰箱贴过时，这需要划拨一笔可观的预算外经费，而这些经费必定出自逐渐缩减的第98号提案中的教育基金，这样会损害加利福尼亚州儿童的利益，并

逐渐加大预算赤字；

对存有争议的政治问题，又会有什么影响呢？

鉴于，冥王星的降级使行星数量减少，这样议长就难以再去回避重新划分选区的立法和其他不易推进的政改举措。

这也牵扯到米奇的宠物狗：

鉴于，冥王星是以罗马神话中的地狱之神的名字命名的，且与加利福尼亚州最出名的卡通狗同名，因而冥王星与加利福尼亚州的历史和文化存在特殊联系。

与加利福尼亚州议会的态度不同，位于该州伯班克的迪士尼公司从容、泰然地接受了冥王星被降级成矮行星的事实。该公司内部正式发布了一份备忘录，标题为《尽管冥王星普鲁托在行星地位上遭遇降级，但布鲁托仍是迪士尼的“明星狗”》。这显然是“七个小矮人”（他们从一开始就是矮人）发布的，他们在冥王星最需要关心的时候给予了安慰：[4]

4.《尽管冥王星普鲁托在行星地位上遭遇降级，但布鲁托仍是迪士尼的“明星狗”》，载美通社网站，2006年8月24日。

尽管冥王星普鲁托稀里糊涂地被降为了矮行星，对此有人生气，有人并不在意，继续打着瞌睡，但我们可以一点儿都不害羞地说，如果迪士尼的布鲁托成为第八个小矮人，我们将非常开心。我们认为这就是万事通的决定，没什么可为此打喷嚏的。[5]

文章继续写道：

1930年，布鲁托作为米奇的忠实朋友首次亮相银幕。也是在这一年，科学家发现了冥王星普鲁托，他们认为它就是第九大行星。那个戴着白手套，脚蹬黄皮鞋的家伙，也就是迪士尼明星狗的好朋友米奇说："我觉得，这件事完全应该发生在愚不可及的高飞 (Goofy) 身上。布鲁托以前对天文毫无兴趣，最多有时对着月亮嚎叫几声。"

各位请注意，与动画片中的大狗高飞不同，布鲁托只是一只宠物狗，并不会说话。因此，上文提到的是布鲁托只会对着月亮嚎叫几声，而不会说它面对纠缠不休的媒体做出正式回应。

5.这段文字中隐藏了七个小矮人的名字：万事通、害羞鬼、瞌睡虫、喷嚏精、开心果、爱生气、糊涂蛋。——编者注

3.
冥王星的葬礼

在美国东北部民众看来，加利福尼亚州人看起来总是有点儿古怪。国际天文学联合会投票将冥王星降级后仅几天，加州理工学院校内媒体就报道了在该校所在地帕萨迪纳街道上举行的另类游行：[6]

冥王星的葬礼

帕萨迪纳第30届年度大游行上，出现了一支新奥尔良式的冥王星送葬队伍。饰演八大行星的人们低垂着头，旁边跟随着身穿黑衣的送葬者和一支爵士乐队。有1,500人参加了游行，他们也加入了送葬队伍。游行的人群中有伐木工行进乐队、瑜伽大师、宗教信徒、女艺人组合，以及由闲散游行的人组成的随行队伍。随行队伍中的人很随意，走累了就停下来休息一会儿。

面对装着冥王星的开盖棺材，参加游行的人都表示了悼念：

6.加州理工学院：《冥王星的葬礼》，载加州理工学院网站。

> 当看到打开的棺材和其中纸糊的冥王星时，专程从洪堡县开车700英里（约1126.5千米）来到这里参加游行的行进乐队成员卡罗琳·维内肯（Karolyn Wyneken）喊道：“哇，太壮观了！这很好，也很有必要。”

游行队伍中，每颗行星都由不同的人扮演，这些扮演者均来自加州理工学院。接下来这篇新闻报道记录了土星和地球的扮演者的发言，从中可以看出他们间的关系密切。

> 土星扮演者是喷气推进实验室的博士后安杰尔·坦纳（Angelle Tanner），她身上环绕着许多光环。作为这次游行的组织者，她表达了大多数行星的想法：“大多数天文学家认为冥王星不该是颗行星，不过我们都很怀念它。”有些行星则认为自己是被强迫来参加游行的，例如，吹小号的地球扮演者萨曼莎·劳勒（Samantha Lawler）就表示：“是土星推荐我来参加的。”

加州理工学院行星天文学家迈克尔·布朗教授当时也在场，当然他还带来了他的女儿莉拉（Lilah）。她在游行中扮演阋神星厄利斯，刚被布朗等人发现的那个柯伊伯带女皇。

4.
报纸上的冷嘲热讽

2006年8月17日，《匹兹堡新闻邮报》的记者布赖恩·奥尼尔（Brian O'Neill）写了一篇关于冥王星降级幕后故事的报道，题为《冥王星，我们认为这是一个机会》。文中，他虚构了一场冥王星与一位担任行政职务的天文学家之间的对话，在这场对话中，天文学家把降级的消息告诉了冥王星：[7]

“嗨，冥王星普鲁托，感谢你今天来访。请坐。”

“不用了，谢谢。我还是习惯悬浮在空中。”

“那好吧，普卢特——我还是称呼你‘普卢特’吧——我们要在太阳系内做出一些调整，而你将成为其中重要的部分。”

“很好，我很愿意为你们这些穿着实验室白大褂的人类服务。几百年前路过海王星的时候，我还和它说，我们不会被发现，除非……”

“是啊，好吧，这件事就是关于你和海王星还有其他天体的。我们国际天文学联合会中的一部分人开会讨论，最后决定，嗯，你太特别了，没法同水星、火星这

7.布赖恩·奥尼尔：《冥王星，我们认为这是一个机会》，载《匹兹堡新闻邮报》，2006年8月17日。

样的天体归为一类。”

可以想象这场对话是如何展开的，天文学家委婉地劝说冥王星接受这样的观点：它与其他同伴是不同的。最终，天文学家以一种近乎职场争斗中惯用的说辞结束了这场对话：

> “你看，普卢特，我们知道你很难过，但这只是一种横向调整，并非降级。你还是我们的太阳系中相当重要的一员，我们正在评判与你差不多大的天体，看哪些可以加入你的团队。”

一些幽默大师很愿意拿冥王星降级的故事为范本，套用在代表文化潮流的事物上。冥王星降级那天，美国职业棒球大联盟官方网站编辑马克·纽曼（Mark Newman）在网站上发表了一篇文章，题为《冥王星降为小行星：曾经的行星因体积小而遭受打击，令粉丝团极为不满》。[8]这篇长文无疑是该网站上刊登过的文章中科学性较强的一篇，文中的一段文字描述了行星的击球顺序。注意，这里假定9个击球手，也就是9颗行星，组成了一支棒球队：

8.马克·纽曼：《冥王星降为小行星》，载美国职业棒球大联盟官方网站。

[冥王星]你永远都不可能像水星那样——水星作为首击球员，九大行星的开始，一直技艺超群。金星总是充满了爱并愿意自我牺牲，自然是行星序列中的二号位。地球是典型的三号击球手，这是最理想的选择，众望所归。火星是个令人恐惧的红色核心人物。木星是整支队伍中总能找到最佳击球点的球员。在球队中有一颗土星往往就意味着能获得环形的冠军戒指。天王星是球队中最顽皮的一个，总爱开玩笑，活跃团队气氛。冥王星年复一年地站在队尾，总想跳到海王星前面。由于它的椭圆轨道，冥王星在运行到轨道上的部分位置时，确实比海王星更靠近太阳。不过海王星是一个精明的老手(1846年被发现)，它一次又一次地阻止了这个小家伙。冥王星从来没有获得正式前移一位的机会。这个年轻的家伙身上布满冰冷的条纹，而且不太受大众欢迎。

丹·肖内西(Dan Shaughnessy)是《波士顿环球报》的体育专栏作家，他禁不住把冥王星与波士顿红袜队的强击手曼纽尔(曼尼)·拉米雷斯(Manuel “Manny” Ramirez)比较。2006年8月27日，肖内西写道：[9]

9.丹·肖内西：《这是一颗在不稳定轨道上的星》，载《波士顿环球报》，2006年8月27日。

> 昨天，在布拉格召开的国际天文学联合会大会上传来许多新闻。降级冥王星这个充满争议的决定刚公布不久，天文学家就同意正式承认“行星曼尼”是新的太阳系第九大天体。这就能说得通了。行星曼尼主宰着自己的轨道，将轨道上的小球击到了太阳系外。显然，它与冥王星这样的矮行星完全不同。

接着讲体育界的故事。2006年9月，美国纽约尼克博克惠斯特篮球队（简称尼克斯队）的表现非常令人失望，于是网络报刊《博罗维茨报道》的幽默政治作家安迪·博罗维茨（Andy Borowitz），在文章标题中情不自禁地提到了冥王星——《科学家声称尼克斯队不再是篮球队：布拉格会议将纽约队降为矮球队级别》。[10]这篇短文很好地使用暗讽手法，表达了尼克斯队粉丝们的沮丧心情：

> 就在科学家开会降级冥王星，宣布它不再是行星的几周后，这群科学家又在布拉格碰面，声称纽约尼克斯队不再是一支篮球队。球迷们从上几个赛季开始就怀疑，当初认定尼克斯队是美国职业篮球联赛球队可能是个错误。如今，科学家们的公告似乎去除了残留在人们心中的所有疑问。

10. 安迪·博罗维茨：《科学家声称尼克斯队不再是篮球队》，载《博罗维茨报道》网站。

从这里开始，我们可以用冥王星代替尼克斯队，用行星代替篮球队，这样就能理解文章中展现的真正科学争论：

“尽管纽约尼克斯队拥有篮球队的一些特点，但我们还是认为，它还拥有其他一些特点。更准确地讲，我们可以将尼克斯队称为矮球队。”东京大学的京介浩博士(Hiroshi Kyosuke) 说。他表示，我们可以“理解”科学家们为何一度把尼克斯队视为一支篮球队——这支队伍与其他真正的篮球队的行为比较相似，比如看似井然有序地在篮球场上运动，或用力投掷那个橙色的球。

后面，博罗维茨的话更加直白：

“然而，他们缺少所有篮球队都有的两个特点：得分和赢得比赛。”京介浩博士说。在纽约，尼克斯队主教练伊塞亚·托马斯 (Isiah Thomas) 欣然接受人们对尼克斯队的重新界定。他说，被定为矮球队，意味着在球队经营上获得了特有的机会：“如果这个决定表示我们现在可以与真正由矮个子组成的球队较量，那么我们将在比赛中获胜。”

冥王星被降级不仅和体育联系在了一起，一个月后，安迪·博罗维茨借用冥王星的故事发表批评文章——《科学家将布什的总统职位降级：白宫与冥王星都被重新分类》。[11]参照2006年11月的选举结果（执政的共和党失去了对国会的控制权），博罗维茨写道：

> 在中期选举的余波中……科学家在奥斯陆[12]召开紧急会议，讨论布什的管理是否符合总统的标准……但随着总统支持率的暴跌，在科学家集体开会决定像降级冥王星一样做一次重新分类前，上述议题的结果就已经很清楚了……降级意味着布什先生的地位"在总统之下，不过在市长之上"。

免费的纽约在线周刊《洋葱网》显得与众不同。该网络报纸被定位为"美国最佳新闻来源"，上面会发表模仿其他报纸的搞笑文章，言辞犀利，妙语连珠，又滑稽万分。这些文章采用故作严肃的新闻评论形式，以致读到一半时，人们总会仔细确认，自己是不是不小心读了《纽约时报》或《华盛顿邮报》。2006年12月18日，该报的一篇文章写道，美国国家航空航天局接受了一项任务，要把国际天文学联合会的决议告知冥王星：[13]

11.安迪·博罗维茨：《科学家将布什的总统职位降级》，载《博罗维茨报道》网站。

12.奥斯陆，挪威的首都，挪威王室和政府所在地，位于挪威东南部。——译者注

13.《美国国家航空航天局发射探测器把降级的消息告知冥王星》，载《洋葱网》，2006年12月18日。

坏消息传达者

"慰问者号"探测器承担把该消息告知冥王星的任务

美国国家航空航天局首席工程师詹姆斯·伍德(James Wood)说:"这是个艰难的决定，但我们觉得，直接把这个消息告诉冥王星是一个正确的选择。毕竟，在过去76年内，我们一直把它视为第九大行星——通过毫无人情味的无线电从地球发送这一消息，会显得不太公平。"

伍德说:"冥王星距太阳超过35亿英里(约56亿千米)，发射探测器是最好的通知方式，不会让冥王星与我们更加疏远。"

考虑到今天人们在处理事件时，都要充分考虑个人情感和自尊，文章接着写道:

伍德说，"慰问者号"探测器将"尽力"向冥王星解释降级的原因，并说明这一降级事件"与它的个人行为无关"。

美国国家航空航天局的科学家已经预先采取措施，保证在"慰问者号"探测器到达冥王星前，不会让冥王星知道降级这件事。"新视野号"探测器将于2015年7月经过冥王星，它已收到指令保持沉默。而与此同时，它也收到指令，恭喜附近的阋神星以及谷神星从小行星序列升级到矮行星序列。

“如果我们的计算没有错误，‘慰问者号’探测器会在某个星期五抵达冥王星，”伍德说，“这种事最好赶在周末之前解决。”

10岁的四年级学生玛琳·史密斯（Maryn Smith）就读于美国蒙大拿州大瀑布城的里弗维尤小学，面对国际天文学联合会的投票结果她毫不畏惧，向美国国家地理学会组织的竞赛提交了任务结果。[14]这项竞赛任务是要构思一句有助于记忆11颗行星顺序的口诀，既要让冥王星回归行星排序中原本的位置，又要大胆地为火星与木星之间那颗孤独的谷神星补充一个词，还要在结尾为阋神星补充一个词。史密斯赢得了竞赛，她写道“我那令人兴奋的魔毯刚带我从九头宫廷大象下飞过（My Very Exciting Magic Carpet Just Sailed Under Nine Palace Elephants）”。这句话令人联想到迪士尼的动画片《阿拉丁》，而且刚好可以用在美国《国家地理》杂志当时正要出版的名为《11颗行星：太阳系新观》的书[15]中。据美国联合通讯社报道，歌手兼作曲家莉萨·洛布（Lisa Loeb）受此启发写了一首歌，歌名为《我那令人兴奋的

14.《机械师》专栏的新闻。

15.戴维·阿圭勒（David Aguilar）:《11颗行星：太阳系新观》，华盛顿特区，美国国家地理童书出版社，2008年。

魔毯》。

这真是最佳的蔑视。

5.
争议不断

在天体物理学家降级冥王星的同时，有100多年历史的美国方言学会却将冥王星一词升级为一个动词，使之成为该组织评选出的第17个“年度词汇”—— 2006年年度词汇：[16]

> to pluto/to be plutoed（冥王星化/被按冥王星处理）：贬低某人或某事物的价值或降低其级别，就像国际天文学联合会大会认定冥王星不符合行星定义时，原本的行星——冥王星的遭遇。

方言学会中包括语言学家、语法学家，以及相关学者，他们只是觉得好玩而去投票，投票结果并不作为官方公告的一部分。方言学会的主要任务是分析语言，评估语言用法的发展趋势，并为英语注入新鲜词汇。

16. 美国方言学会：“plutoed”，载美国方言协会官方网站。

如果人们在日常生活中会经常用到某些新的词汇，字典自然会收录。“plutoed”与经过审定的词“torpedoed（用鱼雷袭击）”的含义相似，发音韵律也相近。

美国全国广播公司（NBC）《今夜秀》节目没有错过这个话题。很快，在2007年1月19日晚，杰·雷诺（Jay Leno）在开场白中提到了这个新词：

“我很高兴，他们选的词是plutoed，而不是uranused（按天王星处理）。”

这句话的可笑之处在于Uranus（天王星）的发音听起来像“your-anus（你的肛门）”，杰就是故意这样发音的。

同时，方言学会中还有一些人，将自己在财务或爱情方面遇到的不如意归咎于宇宙，而不从自身找原因。因为他们认为，冥王星被降级的官方声明影响了他们的星座运势。国际天文学联合会投票后的第二天，简·斯潘赛（Jane Spencer）就在《华尔街日报》上发表了题为《冥王星被降级使占星师产生分歧》的报道。这篇被大量转载的文章引用了美国占星师联合会和英国占星协会的话。这两个组织表示，它们将与冥王星站在同一阵营，坚称这个冰质天体是一颗彻头彻尾的行星，尽管国际天文学联合会投票否认其行星身份，但它对我们的心灵仍然有着巨大的影响。以下是其中我最喜欢的部分：

关注心灵问题的网站的专栏作家谢莉·阿克曼(Shelley

Ackerman) 说："不管它是行星，是小行星，还是会发出电磁波的汤圆，冥王星本身已经证明，它在所有占星用的星象图中永远拥有一席之地。"

文章的后半部分引述了阿克曼女士对国际天文学联合会的批判，她对冥王星降级的决定中没有考虑占星师的意见感到不满。文章随后引用了埃里克·弗朗西斯（Eric Francis）的话："我对这一刻期待已久。"弗朗西斯的网站行星波网代表了中世纪预言家中的一部分人，即小行星占星师的立场。弗朗西斯表示，他欢迎谷神星、阋神星和冥卫一加入矮行星的行列，这样一来，那些相信占星术的人在通过宇宙诠释他们的命运时，可以有更多其他的方式来使用星象图。

文章以《名利场》杂志占星师迈克尔·卢廷（Michael Lutin）的话结尾。卢廷说，他会考虑新加入的小型天体，但不太相信这些天体对我们日常生活会产生影响，因为它们处在太阳系外围区域，"天体UB313根本不可能告诉你星期三是否适合约会"。事实上，天上的任何天体都无法预测星期三的运势，除非是一颗已经计划要在星期三撞击地球的小行星。

还是让你的孩子们在学校里好好学习吧。

冥王星上的雾霾层

冥王星及其卫星

不同角度的冥王星

八 小学课堂里的冥王星

给教育工作者的个人建议

没错，这确实是官方决定。冥王星不再是一颗名副其实的行星了，这是在2006年8月，经国际天文学联合会大会投票决定的。如今冥王星是一颗“矮”行星。

真是傲慢无礼。

这次投票推翻了国际天文学联合会行星定义委员会此前提出的行星定义决议。这个定义内容简洁：凡是绕太阳运转的球状天体都是行星。冥王星是圆的，也绕太阳运转，所以冥王星是行星。这一最初的行星定义使每个人都有权将冥王星与木星相提并论，尽管木星的体积比冥王星大260,000倍。不过冥王星的支持者们只高兴了一个星期。大约一周后他们就收到了这个令人伤心的消息：冥王星未达到行星定义的最新标准。新的标准指出，一颗真正的行星，必须主宰其轨道区域。可怜的冥王星被塞进了外太阳系数千个冰质天体中。

另一件事也让我们觉得很尴尬，“行星”这个名词从古希腊时期开始就没有过正式的定义。

1543年，尼古拉斯·哥白尼提出了他那新奇的观点——宇宙是以太阳为中心的（日心说），这一观点击败了当时本就混乱的分类体系。地球不再像人们以前认为的那样，在一切天体的中心固定不动，而是和其他天体一样环绕太阳运动。从那时起，“行星”一词根本就没有得到过官方的定义。天文学家只是默认这种观点：只要是绕太阳运动的天体就是行星，只要是绕行星运动的天体就是卫星。

如果从那时起，对宇宙的发现就停滞不前的话，这一切就没有问题。然而不久后我们了解到，彗星也是一种绕太阳运动的天体，而不像人们一直认为的那样，是一种区域性的大气现象。那么彗星也是行星吗？当然不是，我们早已为它们取了名字：彗星。彗星是一种在椭圆轨道上运行的冰质天体，在经过太阳附近时会蒸发出气体，形成一条长长的尾巴。

那些在火星和木星之间、绕太阳运动的大量表面凹凸不平的石块和金属块又是什么呢？有成千上万这样的天体在这一区域游荡。它们中的每一个都是一颗行星吗？一开始，也就是1801年谷神星刚被发现那会儿，人们称它们为行星。但是后来，这样的天体发现得越来越多，人们很快意识到这群新的天体应该自成一类，于是便将它们命名为小行星。

与此同时，水星、金星、地球和火星因体积相对较小，且由岩石组成，而成为一类行星；木星、土星、天王星和海王星因体积较大，且由气态物质组成，有众多卫星，还有行星环，而成为另一类行星。

那么，在海王星以外的天体呢？从1992年开始，人们发现了许多与冥王星外观及轨道运动相似的冰质天体。于是，在发现小行星带的两个世纪之后，人们发现了另一个与之相似的新环带，大量天体聚居于此。这一区域就是柯伊伯带，以荷兰裔美国天文学家杰勒德·柯伊伯的名字命名。柯伊伯坚信太阳系中存在这样一条环带，那里有很多天体，其中最大的就是冥王星。然而，自从1930年发现冥王星起，人们就将它称为行星。那么柯伊伯带中的所有天体都应该被称为行星吗？

由于“行星”一词一直没有正式的定义，上面这个问题在那些特别在意行星数目的人中引起了长达数年的争论。

如果我那个塞满了邮件的收件箱能说明什么的话，那说明的一定是，在小学，行星排序是一件大家都很喜欢做的事，也是媒体很关注的事。通过行星排序，人们可以编写一些巧妙的口诀，帮助大家按从太阳往外的次序，记住所有行星的名字，比如“我那很有涵养的母亲，刚刚为我们准备了九块比萨饼（My Very Educated Mother Just Served Us Nine Pizzas）”，或是升级版“我那很有涵养的母亲，刚刚为我们准备了粟米脆饼（My Very Educated Mother Just

Served Us Nachos）”。还有一种版本估计会越来越受欢迎：“我那很有涵养的母亲刚刚说，啊，没有冥王星（My Very Educated Mother Just Said Uh-oh No Pluto）”。

由此你会想到什么呢？小学课程正是用这种极不明智的做法，限制了整整一代孩子的成长。这样的课程让孩子们以为，按顺序记住行星的名字就可以了解整个太阳系了。“行星”这个词本身已在我们的心灵深处积聚了重要意义。这原本无可非议，但是后来我们通过望远镜观测到了行星的大气层，我们发射的空间探测器在行星表面着陆，我们发现冰质卫星成为了令天体生物学家充满期待的研究对象，我们认识到地球曾经遭遇过小行星与彗星的撞击。如今，死记硬背行星顺序的做法已经毫无意义，它阻碍了人们去审视更加丰富、壮阔的科学画卷，这幅画卷是由宇宙空间所有居民勾勒出的。

或许你可以换一种想法，认为天体的其他性质很重要。或许你可以关注以下这些内容，比如天体的光环系统，或是天体的大小、质量、物质组成、大气、物质状态，或是天体与太阳之间的距离及天体的形成过程，或是天体上是否有液态水或其他液态物质。这些展现了天体细节特征的内容，可以揭示出更多天体本身的特点，而不是去解答它的引力能否维持自身呈球状，或是在它周围是否存在同类天体这样的问题。

为什么我们不能将太阳系看成由许多不同类别的天体

所组成的呢？同类天体有着相似的性质，按哪些性质来划分，全由人们自己来决定。如果你对气旋感兴趣，就可以把地球厚厚的大气层和木星的放在一起讨论。如果你对极光感兴趣，那么在讨论极光时就可以提及地球、木星和土星，因为这三颗行星都有磁场，可以把来自太阳的带电粒子引向两极，从而使大气发光。如果你对火山感兴趣，在谈到火山时，就可以联系到地球、火星、木卫一和土卫六，其中土卫六的火山在爆发时喷出的不是岩浆，而是冰。如果你对难以捉摸的轨道感兴趣，就一定会谈到彗星和近地小行星，它们常常使地球上的生命处于危险境地。以此类推，按不同想法将太阳系进行分类的方式还有很多，数不胜数。

想象一下，一门有关太阳系的课程从密度开始讲起。这一概念对三年级的学生来说还有点儿难，但也没有超出他们的理解范围。岩石和金属的密度较大，气球和沙滩排球的密度较小。按照这种方法，可以划分出小行星带内行星和带外行星，它们可以作为高密度天体和低密度天体的范例。土星很有意思，它的密度和软木十分接近，比水的密度还小。不同于太阳系内的其他任何天体，土星上的物质可以漂浮在浴缸里。

这样一来，你就不用去排列天体的顺序，不用在乎某一类天体的定义，也不会以为记住行星的名字就可以了解太阳系而去绞尽脑汁地编写口诀。

最后，你也许会对这个问题感到好奇，想知道为什么将天体是否为球体和是否拥有独立轨道结合在一起，作为判别标准。根据这一标准，你就会把体积很小的高含铁量固态岩质行星——水星，与体型巨大的气态行星——木星不加区分地归在同一类别中。这时，你会回忆起，曾经在2006年8月，国际天文学联合会为这类天体取了一个共同的名字。查阅档案你会发现，这个名字是“行星”，接着就会迅速去寻找太阳系中下一项让你感兴趣的内容了。

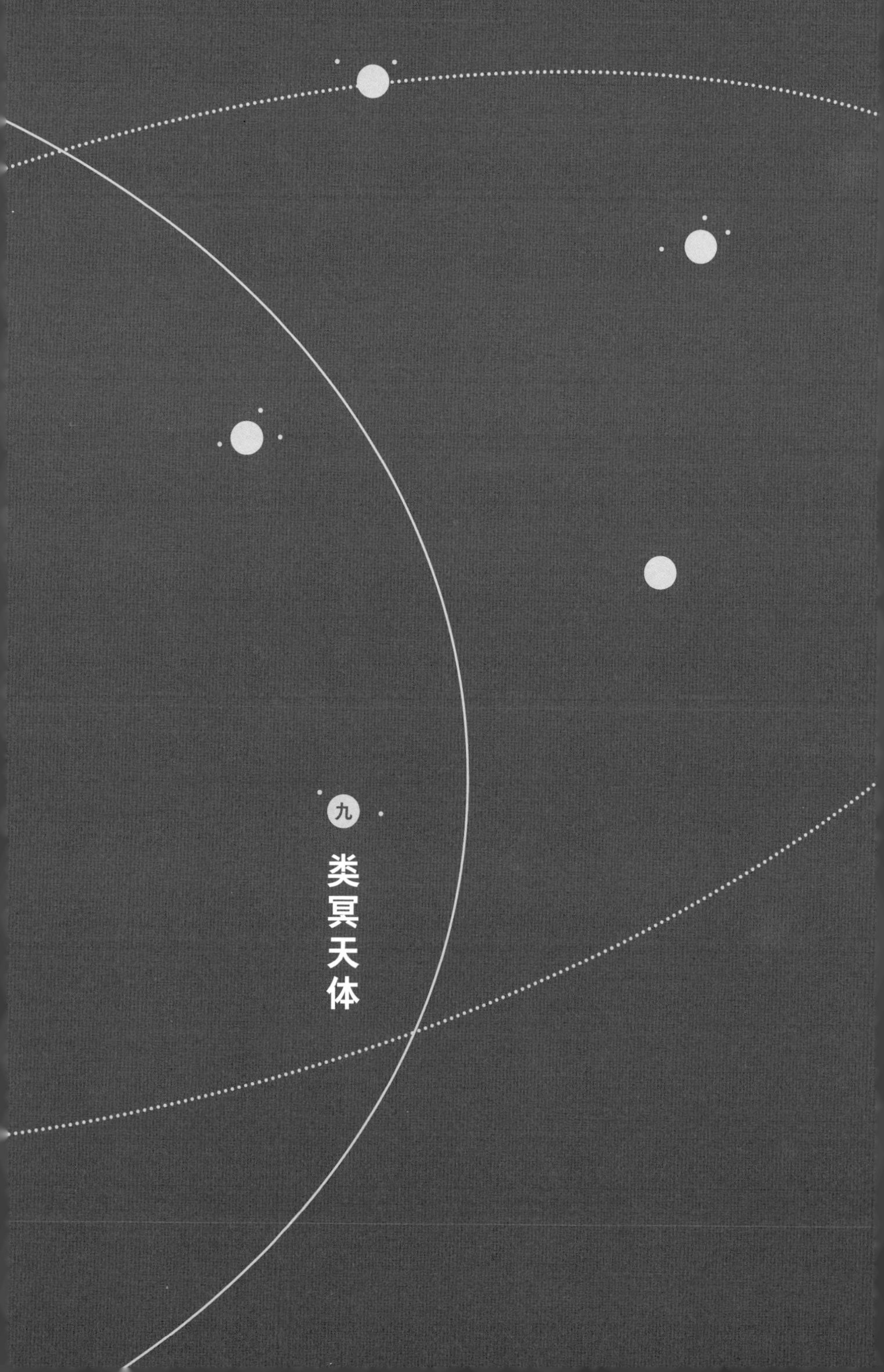

九 类冥天体

1.
争议犹存

2008年7月，在挪威首都奥斯陆召开的会议上，国际天文学联合会执行委员会通过了小天体命名委员会的提案[1]，用类冥天体一词代表所有轨道在海王星以外的矮行星。前文已经提到过两颗在这一区域运行的矮行星——冥王星和阋神星，除此之外这里还有更多天体。很显然，随着该提案的通过，冥王星成为了类冥天体。根据国际天文学联合会的分类规则，太阳系内的另一颗矮行星谷神星不能算作类冥天体，因为它的运行轨道位于火星与木星间的小行星带。奇怪的是，冥王星的卫星冥卫一也不算类冥天体，还有海王星外那些球状卫星都不算类冥天体。这个分类规则很武断，但已经得到强制执行。

艾伦·斯特恩后来任职于美国大学空间研究协会，由于

1. 国际天文学联合会：IAU 0804新闻稿，2008年7月11日。

天体物理学方面的一些原因，他不喜欢类冥天体这个分类。但在接受媒体采访时，他通常会说，自己不喜欢plutoid（类冥天体）这一名称是因为它的发音听起来像hemorrhoid（痔疮）。

存在分歧很多年之后，我和他终于在这件事上达成了共识。

到了2008年8月，冥王星的铁杆斗士马克·赛克斯又开始为冥王星问题奔忙。他与其他一些人一起组织了一次学术会议，邀请行星科学家讨论如何为太阳系天体分类，讨论中几乎没有顾及国际天文学联合会的公告。这次在美国马里兰州约翰斯·霍普金斯大学应用物理实验室举办的会议，包括一场被大力宣传的公开论坛“行星大辩论”[2]。考虑到自己与这一话题之间渊源颇深，我觉得对此多少负有一些责任，因此同意与赛克斯辩论，重现7年前在我办公室的那场即兴对话。不同的是，这次我们请来了一位主持人——美国全国公共广播电台《科学星期五》节目的主持人艾拉·弗莱托（Ira Flatow）。我和马克走进会场时，伴随的入场背景音乐是《让我们准备颤抖吧》，这通常是在专业摔跤运动员进场时播放的。

我高兴地发现，马克比我之前见到时更有礼貌、更热

2.“行星大辩论：科学的进程”，马克·赛克斯与尼尔·德格拉斯·泰森的对话，由艾拉·弗莱托主持，在约翰斯·霍普金斯大学应用物理实验室举行，2008年8月14日。

情友好，不时激动过度的人反倒是我。但是，我们最终并没能就行星的定义达成共识。尽管如此，我们都认为国际天文学联合会在行星定义问题上对冥王星进行了人身攻击。而且，我们都认为这个问题需要一个更加开明的解决方案。

2.
尾声

为了给整个事件画上句号，我前往位于奥兰多的迪士尼乐园，进行了一次朝圣之旅。我觉得自己有责任告诉布鲁托（那只卡通狗），我在它被降级这件事中所扮演的角色。一开始，它很沮丧，至少对一个不会皱眉头的生物来说，它的样子看上去很沮丧。但很快，我就和布鲁托成了好朋友，它也以不卑不亢的态度，泰然地接受了命运的变化无常。

而对于冥王星普鲁托（那颗曾经的行星），除了漫画家，可能没有人能确定它对被降级一事的态度。在一幅漫画中，距离地球近40亿英里（约64亿千米）的冥王星——随便叫它什么天体都好——做了最后发言：

好像我会在乎似的。

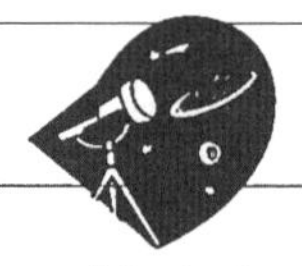

亲爱的尼尔·德格拉斯·泰森博士：

我知道你的感受。我们对冥王星不再是行星的感受是相同的。我也一样。但是我们必须接受这一切；因为这是科学。科学会让你变得聪明！

爱你的西迪克

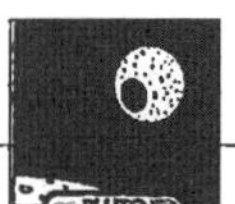

8岁

来自佛罗里达州坦帕市罗兰·刘易斯小学的科克老师二年级班上，学生西迪克·坎蒂（Siddiq Canty）的信（2008年春）

附录

A 冥王星的基本参数（2018）

数据来源：美国国家航空航天局网站

发现者	克莱德·汤博
发现日期	1930年2月18日
质量	1.3×10^{22}千克
赤道半径	1,188.3 ± 1.6千米
平均密度	2.05克/厘米^3
到太阳的平均距离	5.9×10^9千米
到太阳的平均距离（假设日地平均距离为1）	39.5倍
自转周期（逆向自转）	-6.39地球日
轨道周期	248地球年
平均轨道速度	4.7千米/秒
轨道偏心率	0.25
自转轴倾角	122.5度
轨道倾角	17.14度
赤道表面重力加速度	0.6米/秒^2
赤道逃逸速度	1.2千米/秒
大气组成	甲烷、氮气等

附录B

本书作者就罗斯中心冥王星展示方式问题的官方媒体回应

此版本已提交至英国剑桥会议网，即英国学术网络交流群

2001年2月2日

在纽约，美国自然博物馆新的罗斯地球与空间中心的展览中，我们对冥王星的展示方式，与对太阳系中其他行星的展示方式有所不同。最近，这件事引起了媒体的广泛关注。深感意外之余，我也对此事受到如此的关注而惊叹不已。

从2000年2月19日展馆对公众开放起，该展览没有进行过任何调整。而在展馆开放之初，我们对冥王星的展示方式也并未受到新闻媒体的关注。因而最近的报道令我十分意外。当我注意到人们对冥王星怀有的深切情感，看到他们花费大量时间和精力，在报刊上对此发表文章，在电视上谈论此事，我又万分惊叹。

《纽约时报》的头版文章引发了这场风波。该文章的标题只能些许说明我们实际上做了什么，而这正是我希望澄清的内容。这篇文章的标题为《冥王星不是行星？这只在纽约成立吧》。该标题暗示，我们不但将冥王星踢出了太阳系，而且是唯一这样做的人。该标题或许还更幽默地传递出这样的信息，冥王星太小了，纽约不接受它。

此前，我曾就冥王星身份问题写过一篇短文，题为《冥王星的荣耀》(《博物学》杂志，1999年2月)。在那篇文章中，我回顾了太阳系“行星”分类的历次变化。其中，最著名的一次变化缘于1801年人们在火星与木星间的轨道上发现了许多行星。这些新发现的行星后来被称为小行星。在文中，通过与小行星带进行对比，我强烈地主张，鉴于冥王星有一半是冰，它的恰当身份应当是柯伊伯带彗星王国的王者。不过无论我在这篇文章中的观点如何，作为海登天文馆的馆长和罗斯地球与空间中心的首席科学家，我都要对公众负责。

我的这份责任缘于我是这样一个大型展馆的教育工作者：我所任职的展馆，在过去的11个月中，每小时平均有1,000人来参观。

“宇宙大厅”的行星展览中，我们并不以行星作为分类标准，而是几乎摒弃了当时并不明确的行星概念，将性质相似的天体归在一起。换句话说，我们并没有去列举行星，也没有去说明哪个天体是行星，哪个不是，而是将太阳系中的天体分成五个大家族：类地行星、小行星带、类木行星、柯伊伯带和奥尔特云。从这个角度来看，行星个数和对行星的死记硬背就都不重要了。重要的是，我们要理解太阳系的结构和布局。其他展板上，我们通过运用比较行星学，突出展现了行星环、风暴、温室效应、地表特征和运行轨道，讨论了太阳系所有有意思的相关天体。

我们设立的介绍展板直截了当地回答了游客的问题：

何为行星？

在我们的太阳系中，行星是环绕太阳运动的较大天体。但我们目前还未能观测到其他与太阳系有相似特征的行星系统，因此无法给出普遍适用的行星定义。一般而言，行星有足够大的质量，可以在引力作用下使自身成为球体；但它们的质量又不能太大，这样其内核就不会发生核聚变。

另一个展板描绘了太阳系的布局：

行星系统

环绕太阳运动的天体包括五类。最内侧的是类地行星，靠外侧一些的是气态巨行星，这两类天体被小行星带隔开。在小行星带外的巨行星外侧，是聚集着彗星的柯伊伯带，那是一条由冰质小天体组成的环带，冥王星就在其中。在更遥远的，比冥王星到太阳还要远几千倍的地方，还有一个名为奥尔特云的彗星群。

我们的目的，是让老师、学生和普通观众在看过我们展馆的展览后，能够从几个大家族的角度去认识太阳系，而不是只会按顺序背诵行星的名字。我们把这种方式视为科学教育的先进方法。

说实话，读了大家写给我们的一些言之有据的反馈后，我获益匪浅。我们的展厅中有一个87英尺（约26.5米）的巨大球体（球体上半部分是海登天文馆的太空剧场，下半部分是有关大爆炸后宇宙刚刚诞生的最初三分钟的展览）。很多人都注意到了，我们将这个球体本身作为展览的一部分。我们利用这个球体，让观众在尺度以“10的指数”缩小的旅程中，对比天体间的相对大小。在这段旅程中，观众可以一路观看可见的天体，直到尺度逐渐缩小，最终看到原子核。沿着宇宙尺度展厅向里走，走到大概一半时，就来到了球体代表着太阳的尺度。在这里，天花板上悬挂的是类木行星模型（展馆中的最佳拍摄景观），四个固定在扶手上的小球体代表着类地行星。这里没有展示其他的太阳系天体。这里的展示主题仅仅是天体间的相对大小，不包括任何其他内容。不过，由于看不到冥王星，约有10％的观众想知道它去哪里了。（尽管我们在展览中已经解释过，这里展示的只有类木行星和类地行星。）

考虑到教育的全面有效性，我们决定尝试采取两种措施：（1）可以在宇宙尺度展厅的适当位置增添一块牌子，上面提出一个简单的问题“冥王星去哪儿了？”然后，解释一下它为什么没有出现在那些模型中。（2）我们还进一步考虑，更深入地介绍有关冥王星的资料和背景信息，并将这些介绍内容添加到我们的自助服务信息台中。在这里观众可以通过计算机搜索最新天体物理新闻数据库，数据库中的信息来自我们在影像“公告墙”上实时动态展示的内容。这些新闻素材中甚至包含了一些表达不同观点的素材，比如一些认为行星数量很重要的人，对行星数量应该如何计算的阐述。

我更赞同这样的主张：如果希望有些超前的冥王星探测任务能在公众和美国国会中引起更大共鸣，不应该说“通过向冥王星发射探测器，我们一定会完成对太阳系行星的探测”，而应该说“我们必须**开启**对这片太阳系新发现区域的全新探测，在这片被称为柯伊伯带的太阳系未知地带中，冥王星是主宰一切的王者”。

此致

敬礼！

尼尔·德格拉斯·泰森

纽约美国自然博物馆，物理科学分部

天体物理学部，海登天文馆馆长

附录

C 国际天文学联合会对行星定义的决议

国际天文学联合会5A号决议，2006年8月24日于捷克共和国布拉格正式生效
在424位与会人员的投票中，该决议以压倒性多数票获得通过

太阳系行星的定义

最新的宇宙观测，改变了我们对行星体系的看法。而天体命名应反映我们对新知识的理解。对“行星”一词尤为如此。行星原本指在天空中运动的小亮点。而如今的发现，却让我们不得不充分利用新的科学知识，给出新的定义。

5A号决议(以压倒性多数票通过)

国际天文学联合会因此决定，除了卫星外，太阳系内的所有天体，包括“行星”在内，按照以下标准分成三类:

(1)“行星”指如下天体:(a)在绕太阳轨道上运行，(b)质量足够大，使其自身引力大于固体应力，从而达到流体静力平衡状态(外形接近球体)，(c)清空了自身运行的轨道。[1]

(2)“矮行星”指如下天体:(a)在绕太阳轨道上运行，(b)质量足够大，使其自身引力大于固体应力，从而达到流体静力平衡状态(外形接近球体)，(c)无法清空自身运行的轨道，(d)不是卫星。

(3)除卫星外其他绕太阳运行的天体，都归为“太阳系小天体”。[2]

1.“行星”共有8颗，分别为水星、金星、地球、火星、木星、土星、天王星和海王星。

2.国际天文学联合会的这一举措将明确区分矮行星和其他类别天体。

附录

新墨西哥州关于冥王星行星地位的立法　　D

美国新墨西哥州第48届议会，第54个议院联合公报

宣布冥王星为行星，将2007年3月13日定为“冥王星行星日”

2007年3月8日，由议员乔尼·玛丽·古铁雷斯(民主党，唐娜安娜县33区选出)提出:

鉴于，新墨西哥州是全球天文学、天体物理学和行星科学的中心;

鉴于，许多世界级天文观测设施都建在新墨西哥州，比如阿帕奇天文台、甚大阵、马格达莱纳岭天文台和美国国家太阳观测台;

鉴于，天体物理研究会的3.5米望远镜和独一无二的直径2.5米的斯隆数字化巡天望远镜，都设在由新墨西哥州立大学负责管理的阿帕奇天文台中;

鉴于，新墨西哥州立大学天文系是全州唯一独立管理的天文学博士学位授予点;

鉴于，新墨西哥州立大学和唐娜安娜县是冥王星发现者克莱德·汤博曾长期居住的地方;

鉴于，冥王星被认定为行星的时间已经长达75年;

鉴于，冥王星以太阳为中心的平均轨道半径为3,695,950,000英里(约5,948,054,957千米)，冥王星的直径约为1,421英里(约2,287 千米);

鉴于，冥王星有3颗卫星，分别为冥卫一(卡戎)、冥卫二(尼克斯)和冥卫三(许德拉);

鉴于，2006年1月发射的“新视野号”探测器，于2015年探测冥王星;

因此，新墨西哥州议会决定，由于冥王星会从新墨西哥州美丽的夜空划过，我们宣布冥王星为行星，并将2007年3月13日定为州议会的“冥王星行星日”。

附录

E　加利福尼亚州关于冥王星行星地位的立法

加利福尼亚州议会关于冥王星行星地位的HR 36议案

2006年8月24日，由议员基斯·里奇曼（共和党，洛杉矶县西北部38区选出）和约瑟夫·坎西亚米拉（民主党，康特拉科斯塔县旧金山湾区11区选出）提出：

鉴于，最近的天文发现（包括冥王星的椭圆形轨道和逐渐增多的柯伊伯带天体）让天文学家开始质疑冥王星的行星地位；

鉴于，心胸狭隘的国际天文学联合会于2006年8月24日决定，无礼地剥夺冥王星的行星地位，将它重新划分为等级较低的矮行星；

鉴于，1930年美国人克莱德·汤博在亚利桑那州的洛厄尔天文台发现冥王星，这一发现使加利福尼亚州广大民众了解到冥王星是太阳系的第九大行星；

鉴于，冥王星是以罗马神话中的地狱之神的名字命名的，且与加利福尼亚州最出名的卡通狗同名，因而冥王星与加利福尼亚州的历史和文化存在特殊联系；

鉴于，冥王星的降级会对部分加利福尼亚州民众造成心理伤害，使这些人怀疑自己在宇宙中的位置，并担心宇宙常数不稳定；

鉴于，冥王星的降级会导致无数教科书、博物馆内的展览和儿童冰箱贴过时，这需要划拨一笔可观的预算外经费，而这些经费必定出自逐渐缩减的第98号提案中的教育基金，这样会损害加利福尼亚州儿童的利益，并逐渐加大预算赤字；

鉴于，夺去冥王星行星身份的举措太过草率，没有经过充分考虑，简直是科学的异端，这就像在质疑哥白尼的理论，就像为球状天体绘制地图，就像在证明时空的连续性；

鉴于，冥王星的降级使行星数量减少，这样议长就难以再去回避重新划分选区的立法和其他不易推进的政改举措；

鉴于，加利福尼亚州议会在2005～2006年会议即将结束的这几天，一直在思考几个影响加利福尼亚州未来的事务，而冥王星的地位无疑是头等大事，值得我们立即加以关注；

加利福尼亚州议会决定，特此对国际天文学联合会夺去冥王星行星身份的决议进行谴责，因为他们的决议对加利福尼亚州民众造成了巨大影响，妨碍了加利福尼亚州财政的长期健康运转；

加利福尼亚州议会决定，议会书记员应将此决议副本发送给国际天文学联合会，并昭告所有加利福尼亚州民众，让他们相信议员们正在解决这个威胁到黄金之州未来的问题。

致谢

创作《冥王星沉浮记》这本书历时7年。7年间，冥王星成为了一个话题，见诸所有的媒体：电视、广播、新闻报道、漫画、专栏文章、给编辑的信和互联网博客。非常感谢我的研究助理艾莉森·斯奈德（Alison Snyder）帮我收集并选取媒体材料中的有用部分，令我的写作事半功倍。艾莉森还寻找和联系本书引用的所有媒体资料的作者，向他们申请转载许可，尤其还联系了那些写信的学生，他们中的大多数在写信时还在读小学，如今已是高中生或大学生了。

因此，我想在此感谢各位同学、老师、家长、热心人和我的同事允许我在本书中引用他们的信件。没有他们的慷慨相助，就没有如今的《冥王星沉浮记》。

我还要感谢我的姐夫理查德·沃斯伯勒。他在迪士尼相关领域的专业知识无可匹敌。他的研究内容和知识储备，极大地丰富了我在《冥王星沉浮记》中对小狗布鲁托及迪士尼相关内容的描述。

从上研究生开始，我与麻省理工学院的行星科学教授理查德·宾泽尔就是朋友。尽管我与他在冥王星地位的争论中持有不同的观点，但我们一直是朋友，而且我从这份友谊中受益良多。在太阳系和绕太阳运行的各类天体的相关问题上，他一直是我可靠的信息来源。

我还要特别感谢我的同事：美国自然博物馆的史蒂文·索特尔和普林斯顿大学天体物理系的埃德·詹金斯（Ed Jenkins）。他们对这本书的初稿提出了建设性意见。我还要感谢美国国家航空航天局的语法专家斯蒂芬妮·席尔霍尔茨·菲布斯（Stephanie Schierholz Fibbs），她确保了我在这本书中的描述能够准确表达我的意思；感谢国际天文学联合会的戴瓦·梭贝尔，她对本书的初稿做了最后的修订。

1999年，“冥王星最终地位”的专题讨论会在美国自然博物馆举办。《博物学》杂志的编辑阿维斯·朗（Avis Lang）长期与我联系，在她的帮助下，这场讨论会才得以在本书第四章的描述中重现。我对她的鼎力相助，以及她一直以来对我工作的关心表示感谢。

《冥王星沉浮记》的部分章节改编自我在杂志上发表过的一些文章：《博物学》杂志刊登的《X行星沉浮记》（2003年6月）、《冥王星的荣耀》（1999年2月）、《关于球状天体的论述》（1997年3月），以及《发现》杂志刊登的《太阳系安魂曲》（2006年11月）。

译者后记

活力“萌王星”

——“新视野号”冥王星探测器主要成果

郑永春　刘晗

世界科普大师卡尔·萨根的传承者——尼尔·德格拉斯·泰森历时7年，完成了《冥王星沉浮记》。如今，该书的中文版终于要面世了。《冥王星沉浮记》以档案记录的形式，系统而详尽地讲述了从1930年发现冥王星，到2006年冥王星被降级为矮行星的逸闻趣事，展现了科学界、娱乐界、经济界等社会各界对这一事件的争议、讨论，以及事件的最终结果。

《冥王星沉浮记》英文版完成于2008年10月，至今约有10年，这也正好是2006年发射的“新视野号”探测器从地球飞到冥王星所需要的时间。10年过去了，冥王星并没有发生变化，《冥王星沉浮记》中的内容也没有过时，依然历久弥新。这也表明，历史事件从来不会过时，一定总有续集上演。

鉴于《冥王星沉浮记》英文版缺失了“新视野号”主要探测成果的介绍，我们特意补充撰写了本文，让大家近距离感受冥王星的活力。

长久以来，冥王星都是太阳系最神秘的行星。因为它离我们非常遥远，没有任何探测器近距离探测过它，对于冥王星的具体地形和化学成分等性质，人们一无所知。2015年，飞行了9年多的“新视野号”探测器靠近并飞掠冥王星，为天文学家拍摄了大量珍贵的高清晰度照片。分析了这些照片之后，天文学家对冥王星的认识有了一次巨大的飞跃。那么，“新视野号”发现了冥王星的哪些特征呢？

冥冥之中似有天意

2006年1月19日，美国国家航空航天局发射了探测冥王星的“新视野号”。“新视野号”发射时，冥王星还是行星。因此，“新视野号”探测器肩负着实现人类探测器遍访太

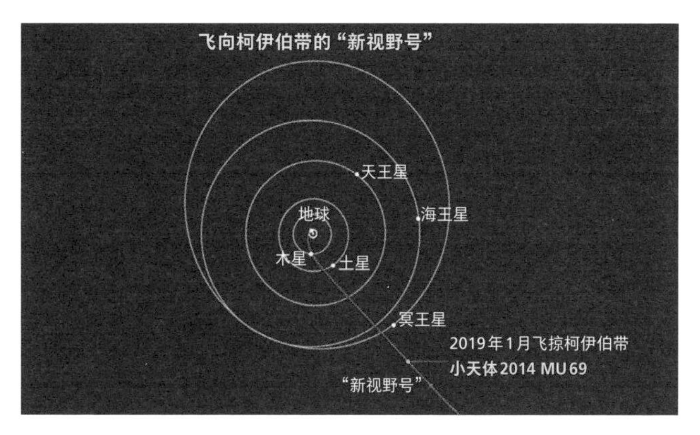

图1（上图）

“新视野号”肩负着探索柯伊伯带的使命

图2（下图）

冥王星彩色地图

阳系所有行星的光荣使命。冥王星被降级后，“新视野号”探测器的使命就变为探索冥王星所在的柯伊伯带—— 20世纪90年代才通过观测证实的太阳系“新大陆”。

2015年7月14日，经过9年半的高速狂奔、几十亿千米的太空飞行，“新视野号”终于抵达最接近冥王星的轨道位置，为它拍摄了一张迄今为止最为清晰的“标准照”。

当时，“新视野号”与冥王星的距离只有1.25万千米，是地球与月球之间距离的1/30。正是这个空前近的距离，让“新视野号”可以获得大量冥王星的细节信息。通过“新视野号”的探测人们发现，冥王星表面主要由氮冰、甲烷冰和水冰组成。这些冰物质的颜色较浅，反射率较高，因此冥王星整体上看起来比较亮。

冥王星与地球人第一次会面，居然就给地球人展现了一片巨大的心形平原。虽然，此时的冥王星已经脱离了太阳系九大行星的行列，但它表面可爱的心形图案，一下子引发了公众在社交平台上的争相转发。过去了无生趣的“冥王星”，一跃成为年轻人口中的“萌王星”，它与人们之间的距离一下子被拉近了。

“新视野号”发现，冥王星上的心形区域的西半边是一片巨大的平原，由大量冰冷的固体构成，包括氮冰，还掺杂着一些固态的甲烷与一氧化碳。为纪念第一颗人造地球卫星“斯普特尼克号”，该平原被命名为“斯普特尼克平原”。天文学家们的研究表明，有一些冰块在缓慢地穿越这个平原。

除了心形区域中的斯普特尼克平原外，冥王星上还存在一条长达3,000千米，宽约1,000 千米，横贯东西的鲸状断裂带。这一深色区域被称为“克苏鲁区”，位于心形区域的西侧，形状像一只巨大的鲸。它邻近心形区域，仿佛正在亲吻着心。鲸状断裂带的发现，也说明冥王星仍在发生地质活动。

冥冥之中似有天意。黯淡的冥王星，一直深藏在太阳系中，不鸣则已，一鸣惊人。为了纪念冥王星的发现者汤博，冥王星上的心形区域被命名为“汤博区”。

冰川与高山

“新视野号”发现冥王星上存在冰川。这些冰川还很年轻，正在缓慢地移动。冥王星地表的98%覆盖着由氮凝结成的冰，但也有少量由水结成的冰。尽管表面几乎被各种冰雪完全覆盖，但冥王星表面却变化丰富，不同的地方有着非常不同的亮度和颜色。“新视野号”的探测还发现，冥王星表面的撞击坑比较少，说明其地质活动比较强烈，表面年龄比预期的年轻，但支撑冥王星地质活动的内部能量来源还是未解之谜。

太阳系中固态的大行星如地球、火星上都有高山。“新视野号”发现冥王星上也有高大的冰山，高度达3,500米，这些冰山很可能由水冰筑成。

天文学家还发现，冥王星上可能存在“火山”，不过，“火山”喷发出的物质却是寒冷的冰。初步估算，冥王星上冰山的地质年龄不超过1亿年，这说明冥王星和45.6亿年高龄的太阳系相比，还算是年轻人，有比较活跃的地质活动。

冥王星也有“尾巴”

冥王星绕日运转的轨道周期大约相当于地球上的248年。从1930年发现冥王星至今，冥王星只在自己的轨道上绕日运行了1/3圈。同样，冥王星的自转周期也比地球长，冥王星上的一天相当于地球上的6.39天。

冥王星绕太阳运转的轨道，是一个很扁的椭圆。冥王星轨道到太阳最近的距离约为29.7天文单位（约44亿千米），最远的距离约为49.3天文单位（约74亿千米）。

“新视野号”发现，冥王星上存在季节性的霜冻现象。这是因为冥王星有时候距离太阳近，温度相对高，属于夏季；有时候距离太阳远，温度相对低，属于冬季。在温度相对低的时候，就会发生霜冻。

飞掠冥王星的时候，“新视野号”发现冥王星身后有一条“尾巴”，长约数万千米，主要由一些粒子组成。可以想象，“尾巴”里都是些灰尘一样的小颗粒，但实际上这些小颗粒比灰尘更难发现。这是因为当冥王星运行到近日点附近时，表面的氮冰和甲烷冰就会蒸发，形成非常稀薄的大气层。冥王星的表面大气压约为地球大气压的百万分之一到十万分之一。太阳的辐射吹散了冥王星的部分大气，形成“尾巴”。当冥王星逐渐远离太阳，抵达远日点时，冥王星的大气成分会凝固、沉降，就像下雪一样。

根据“新视野号”得到的数据，科学家们重新研究了包裹冥王星的大气，发现冥王星的大气消失的速度比以前预计的要慢得多。根据“新视野号”发回的数据，天文学家还确定了冥王星大气层的厚度、组成与温度。

已非行星，却仍是绕日运转的第九大天体

“新视野号”探测发现，冥王星的直径约为2,377千米，为地球直径的18.6%，比之前的预期值大80千米。天文界曾经认为直径2,326±12千米的阋神星比冥王星更大，这也是导致冥王星被降级的原因之一。“新视野号”的测量结果再次为冥王星正名，虽然它已降级为矮行星，但仍是绕日公转的第九大天体。

这让很多对冥王星被降级愤愤不平的天文爱好者和天文学家又有了新的理由，希望这一证据可以作为冥王星重返行星队伍的筹码。然而，冥王星的质量仅为地球质量的0.2%，直径只有地球的18.6%，体积只有地球的0.6%。冥王星长胖了，意味着它的体积变大了，而密度变小了。

小家长的大家庭

冥王星有五颗已知的天然卫星，其中冥卫一离冥王星最近，“新视野号”测得冥卫一的直径约为1,212千米，相当于冥王星直径的51%，地球直径的9.5%。冥王星的其余

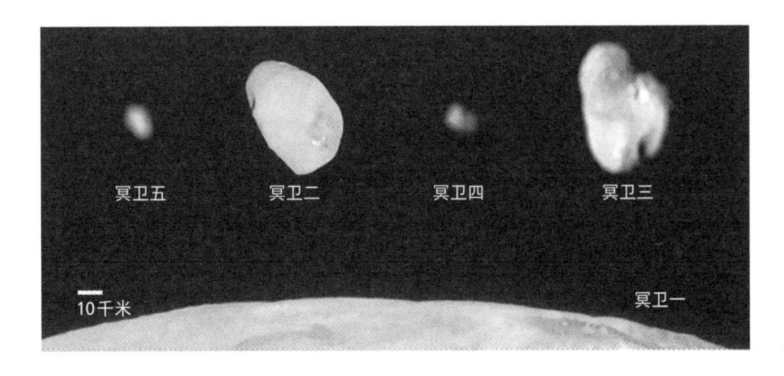

图3

冥王星的卫星

四颗卫星位于冥卫一轨道外。其中，冥卫二和冥卫三于2005年才被首次发现。冥卫二和冥卫三为不规则的土豆状，大小约在30千米到100千米之间。冥卫四和冥卫五分别于2011年和2012年被发现。

探索，永远在路上

很多人问我，为什么要去探索太阳系。那些太阳系的天体离我们那么遥远，没有实际的利用价值，无法对社会产生直接的经济效益。但当“新视野号”飞越冥王星时，冥王星引起全世界公众的热议，让我看到了太阳系探索的真正价值。公众和青少年的兴趣就是最大的社会需求，几十亿元投资的成就会被全人类永久记忆，载入人类文明史册，这无疑具有超高收益。

通过“新视野号”的探测，冥王星从原本只有望远镜中才能看到的非常暗淡的小圆点，变成了充满爱心和活力的“萌王星”，从与我们日常生活毫不相干的、遥远的外太阳系天体，成为了我们生活乐趣的一部分。这就是太阳系探索的魅力所在，面对一个完全未知的世界，一切发现都是新的发现，都极大地满足了人类的好奇心。

“新视野号”飞越冥王星，只是近距离观测了冥王星及其卫星。完成此次飞越之后，探测器继续奔赴柯伊伯带，进行为期15年的探索之旅，并将一直工作到2030年。让我们期待“新视野号”的更多新的发现吧！

图片来源

第5、14页图：GAOPIN IMAGES
第6、7、55、56、83、103、104、212页图：尼尔·德格拉斯·泰森
第9页图：公共版权
第46、47、232、233页图：达志影像
第52、60、68页图：美国国家航空航天局
正文前第22页及第26、42、54、62、150、198、225、228页图：美国国家航空航天局、约翰斯·霍普金斯大学应用物理实验室、美国西南研究院
第61页图：美国国家航空航天局、欧洲空间局、H. 韦弗(约翰斯·霍普金斯大学应用物理实验室)、A. 斯特恩(美国西南研究院)、“哈勃”空间望远镜冥王星伴星搜寻小组
第119页图：美国国家航空航天局、欧洲空间局、A. 菲尔德(空间望远镜研究所)
第158页图：国际天文学联合会

正文前第22页及第26、42、62、150、198、232、233页图的立体效果实现：范晔文(图片立体效果通过红蓝两色呈现,可借助配套红蓝滤镜观看立体图)
第36、40页图表参照原图表重新绘制：范晔文

正文前第19页及第145、162、163、164、213页信件抄写(以姓氏笔画排序)：
王佑成　刘晓楠　李奥辰　李潇奕　迟瑞晨　郑哲

本书中未能联系到版权所有者的图片(第11页)，请版权所有者见书后与外语教学与研究出版社联系。

名词对照

A

“阿波罗” Apollo
矮星 dwarf star
矮星系 dwarf galaxy
矮行星 dwarf planet
艾达 Ida
艾卫 Dactyl
奥尔特云 Oort cloud
奥欣望远镜 Oschin Telescope

B

本超星系团 Local Supercluster
冰矮行星 ice dwarf planet
布兰科望远镜 Blanco Telescope

C

潮汐锁定 tidal locking
磁场 magnetic field

D

大爆炸 Big Bang
大气 atmosphere
地球 Earth

F

伐楼那 Varuna
风暴 storm

G

谷神星 Ceres
光环系统 ring system
轨道 orbit
轨道共振 orbital resonance
轨道碎片 orbit debris

H

“哈勃”空间望远镜 Hubble Space Telescope
海王星 Neptune
海王星外天体 trans-Neptunian object
海卫一 Triton
核聚变 nuclear fusion
赫罗图 Hertzsprung-Russell diagram
黑洞 black hole
回旋加速器 cyclotron
彗星 comet
婚神星 Juno
火卫二 Deimos
火卫一 Phobos
火星 Mars

J

极光 aurora
“伽利略号” Galileo
金星 Venus

K

卡伊·斯特兰德望远镜 Kaj Strand telescope
柯伊伯带 Kuiper belt
柯伊伯带天体 Kuiper belt object
夸奥尔 Quaoar

L

类地行星 terrestrial planet
类冥天体 plutoid
类木行星 Jovian planet

流星　meteor
“旅行者号”　Voyager

M　麦哲伦云　Magellanic Clouds
密度　density
秒差距　parsec
冥王星　Pluto
冥卫二　Nix
冥卫三　Hydra
冥卫一　Charon
冥族小天体　plutino
莫纳克亚光学望远镜　Mauna Kea optical telescope
木卫二　Europa
木卫三　Ganymede
木卫四　Callisto
木卫一　Io
木星　Jupiter

N　南门二，又名半人马座α　Alpha Centauri

Q　气态巨行星　gas giant
气旋　cyclone
乔治之星　Georgium Sidus
球体　sphere

S　赛德娜　Sedna
闪视比较仪　blink comparator
摄动理论　perturbation theory
深空黄道巡天项目　Deep Ecliptic Survey
甚大阵　Very Large Array
水星　Mercury
朔望月　lunar month

T　太空监测望远镜　Spacewatch telescope
太空碎片　space debris
太阳　Sun
太阳风　solar wind
太阳系　solar system
天王星　Uranus
天卫八　Bianca
天卫十六　Caliban
天卫十五　Puck
天卫四　Oberon
天卫五　Miranda
天卫一　Ariel
天樽二，又名双子座δ　Delta Geminorum
土卫六　Titan
土星　Saturn

W　亡神星　Orcus

X　系外行星　exoplanet
阋神星　Eris
阋卫　Dysnomia
“先驱者号”　Pioneer
小行星　asteroid
小行星带　asteroid belt
“新视野号”　New Horizons
星团　star cluster
行星　planet

Y　伊克西翁　Ixion
银河系　Milky Way galaxy
“宇宙神V型”火箭　Atlas V rocket
月球　Moon

Z　灶神星　Vesta
智神星　Pallas
重力　gravity
主平面行星　Main Plane planet

曾经的太阳系九大行星

京权图字：01-2018-8074

First published as a Norton paperback 2009, reissued 2014

图书在版编目(CIP)数据

冥王星沉浮记 / (美) 尼尔·德格拉斯·泰森 (Neil DeGrasse Tyson) 著；郑永春，刘晗译. —— 北京：外语教学与研究出版社，2018.11 (2019.9重印)
ISBN 978-7-5213-0507-4

Ⅰ. ①冥… Ⅱ. ①尼… ②郑… ③刘… Ⅲ. ①冥王星－普及读物
Ⅳ. ①P185.6-49

中国版本图书馆CIP数据核字(2018)第266693号

出 版 人　徐建忠
项目管理　刘晓楠
项目策划　蔡　迪
责任编辑　蔡　迪
责任校对　何　铭
装帧设计　范晔文
出版发行　外语教学与研究出版社
社　　址　北京市西三环北路19号(100089)
网　　址　http://www.fltrp.com
印　　刷　北京华联印刷有限公司
开　　本　889 × 1194　1/32
印　　张　8
版　　次　2019年7月第1版　2019年9月第2次印刷
书　　号　ISBN 978-7-5213-0507-4
定　　价　59.80元

购书咨询：(010) 88819926　电子邮箱：club@fltrp.com
外研书店：https://waiyants.tmall.com
凡印刷、装订质量问题，请联系我社印制部
联系电话：(010) 61207896　电子邮箱：zhijian@fltrp.com
凡侵权、盗版书籍线索，请联系我社法律事务部
举报电话：(010) 88817519　电子邮箱：banquan@fltrp.com
物料号：305070001